U0155038

河南省高校基本科研业务费专项资金资助（SKJZZ2018-02）

河南省典型区域暴雨洪灾的社会脆弱性与减灾策略

刘德林　著

科 学 出 版 社

北　京

内 容 简 介

自然灾害社会脆弱性的研究对提高我国防灾、减灾、救灾能力具有重要的作用。本书共 9 章，首先对自然灾害社会脆弱性研究进行系统梳理，对河南省洪灾历史进行回顾；接着对典型研究区域的选择依据和基本概况做简单介绍；然后在对区域社会脆弱性评价的背景下，研究乡村农户的洪灾社会脆弱性、洪灾风险感知和应急避险能力、城市社区的洪灾抗逆力；最后提出不同空间尺度下的防洪减灾策略。

本书可作为高等院校地理、灾害和应急管理等相关专业学生的参考书，也可为从事自然灾害研究的科研及管理人员提供参考与借鉴。

图书在版编目（CIP）数据

河南省典型区域暴雨洪灾的社会脆弱性与减灾策略/刘德林著. —北京：科学出版社，2020.1

ISBN 978-7-03-057632-3

Ⅰ. ①河… Ⅱ. ①刘… Ⅲ. ①暴雨洪水-气象灾害-灾害防治-河南 Ⅳ. ①P333.2

中国版本图书馆 CIP 数据核字（2018）第 122053 号

责任编辑：吴卓晶 景梦娇 / 责任校对：王万红

责任印制：吕春珉 / 封面设计：北京睿宸弘文文化传播有限公司

科学出版社 出版

北京东黄城根北街 16 号

邮政编码：100717

http://www.sciencep.com

北京虎彩文化传播有限公司 印刷

科学出版社发行 各地新华书店经销

*

2020 年 1 月第 一 版 开本：B5（720×1000）

2020 年 1 月第一次印刷 印张：8 1/2

字数：169 000

定价：68.00 元

（如有印装质量问题，我社负责调换〈虎彩〉）

销售部电话 010-62136230 编辑部电话 010-62143239（BN12）

前　言

本书是国家自然科学基金联合基金项目"基于GIS的区域洪灾社会脆弱性评估与减灾策略研究——以河南省为例"（U1504705）的部分研究成果。

根据河南理工大学应急管理学院的学科发展需求，作者于2010年开始进行洪水灾害的系统研究。2010年6月，作者从中国科学院水土保持与生态环境研究中心博士毕业后，进入河南理工大学应急管理学院工作。应急管理在当时是一个较新的专业，学科发展比较薄弱。应急管理学院从学院和学科发展的大局出发，希望所有到应急管理学院工作的人员均能从事与应急管理相关的研究。作者以前所学专业是自然地理学，在大气降水与河流水文方面有一些积累，希望能从自然灾害方面入手，找到与应急管理相关研究的切入点。通过学院的多次研讨及与同事的多次讨论，作者最终确立了洪水灾害风险与应急管理这个研究方向。受以前专业背景的影响，作者对洪水灾害初期的研究多集中在洪水灾害的自然方面，如降水变化特征、洪水灾害风险等。随着对洪水灾害研究的逐渐深入，作者了解到：洪水灾害具有自然和社会双重属性，要想更好地应对洪水灾害，最大限度地降低洪水灾害带来的损失，必须在采取防洪工程措施的同时，广泛地采取非工程措施。因此，作者对洪水灾害的研究逐渐转移到洪水灾害管理上来。本书就是在上述背景下撰写的。

全书共9章，第1章介绍本书的研究背景、主要研究内容及研究思路与方法，同时对洪灾社会脆弱性的研究现状进行较为系统的评述；第2章对研究区域进行简单的介绍，并回顾研究区域内的洪灾历史；第3章主要从地形地貌和城乡结构两个方面介绍河南省暴雨洪灾典型研究区域的选择依据；第4章和第5章通过构建社会脆弱性指数，对区域尺度和乡村尺度的洪灾社会脆弱性进行评价；第6章和第7章分别研究豫西山区乡村农户的洪灾风险感知状况和洪灾应急避险能力；第8章对城市社区尺度的洪灾抗逆力进行研究；第9章在上述研究的基础上，提出相应的防洪减灾策略。

在撰写本书的过程中，谢燕利、梁恒谦、冯倩倩、周倩、赵英雁、汪莉霞为本书的出版付出了辛勤的劳动。谢燕利和汪莉霞参与第2章、第3章和第9章的部分工作；周倩参与第3章的部分工作；赵英雁参与第9章的部分工作；梁恒谦参与第1章、第5章和第9章的部分工作；冯倩倩参与第8章和第9章的部分工作，在此一并表示感谢。感谢河南理工大学应急管理学院首任院长夏保成教授将我带入这个研究领域；感谢现任院长谢东方教授在本书构思过程中提出的宝贵建议和意见；感谢张永领教授的学术指导和热心帮助；感谢我的博士生导师李壁成研究员和硕士生导师刘贤赵教授对我学术素养的培养；感谢河南理工大学应急管理学院各位领导和同事的热情支持与帮助。

感谢国家自然科学基金联合基金项目“基于GIS的区域洪灾社会脆弱性评估与减灾策略研究——以河南省为例”（U1504705）、河南省高校基本科研业务费专项资金资助项目“河南省暴雨洪灾的社会脆弱性与减灾策略”（SKJZZ2018-02）、河南理工大学人文社科基金项目“中原城市群城市安全韧性水平评价及提升策略”（SKJQ2020-01），及河南理工大学安全与应急管理研究中心的资助。

洪水灾害是一个复杂的系统，涉及的内容非常广泛。限于作者的学术水平，书中难免存在不足之处，敬请各位读者批评指正。

作　者

2018年5月

目　录

第 1 章　绪论 …… 1
1.1　研究背景 …… 1
1.2　国内外研究现状 …… 3
1.2.1　社会脆弱性的概念 …… 3
1.2.2　社会脆弱性的评估模型 …… 5
1.2.3　社会脆弱性的评估方法 …… 8
1.2.4　文献评述 …… 10
1.3　主要研究内容 …… 11
1.3.1　洪灾社会脆弱性评估 …… 11
1.3.2　乡村农户的洪灾风险感知水平和应急避险能力 …… 11
1.3.3　城市社区抗逆力评价 …… 11
1.3.4　基于评价的防洪减灾策略 …… 12
1.4　研究思路与方法 …… 12
1.4.1　研究思路 …… 12
1.4.2　研究方法 …… 13
第 2 章　河南省概况及洪灾历史 …… 15
2.1　河南省概况 …… 15
2.1.1　地形地貌 …… 15
2.1.2　河流水系 …… 16
2.1.3　气候环境 …… 17
2.1.4　土壤植被 …… 18
2.1.5　人口经济 …… 18
2.2　河南省洪灾历史 …… 19
第 3 章　河南省暴雨洪灾的典型研究区域 …… 21
3.1　典型研究区域的选择 …… 21
3.2　研究尺度的选择 …… 22
3.3　典型研究区域概况 …… 22
3.3.1　洛阳市栾川县 …… 22

3.3.2 新乡市和红旗区 …… 25
3.4 本章小结 …… 28
第 4 章 河南省洪灾社会脆弱性评价 …… 29
4.1 数据来源与方法 …… 29
4.1.1 确定评价单元 …… 29
4.1.2 选取评价指标 …… 29
4.1.3 处理指标数据 …… 29
4.1.4 确定指标权重 …… 30
4.1.5 计算相对社会脆弱性 …… 30
4.2 结果与讨论 …… 31
4.2.1 研究结果 …… 31
4.2.2 讨论 …… 35
4.3 本章小结 …… 35
第 5 章 豫西山区乡村农户的洪灾社会脆弱性 …… 37
5.1 数据来源与方法 …… 38
5.1.1 研究区域简介 …… 38
5.1.2 指标选择和权重确定 …… 40
5.1.3 数据来源与处理 …… 42
5.1.4 农户尺度社会脆弱性指数 …… 45
5.2 结果与讨论 …… 46
5.2.1 研究结果 …… 46
5.2.2 讨论 …… 47
5.3 本章小结 …… 49
第 6 章 豫西山区乡村农户的洪灾风险感知 …… 50
6.1 数据来源与方法 …… 51
6.1.1 问卷设计 …… 51
6.1.2 风险感知指数 …… 52
6.2 结果分析 …… 53
6.2.1 农户洪灾风险感知评价 …… 53
6.2.2 农户洪灾风险感知影响因素分析 …… 55
6.3 本章小结 …… 58

第7章 豫西山区乡村农户的洪灾应急避险能力 59
7.1 数据来源与方法 60
7.1.1 洪灾应急避险能力影响因素的识别 60
7.1.2 问卷设计 62
7.1.3 结构方程模型 63
7.2 结果与讨论 64
7.2.1 研究结果 64
7.2.2 讨论 67
7.3 本章小结 70
第8章 城市社区尺度的洪灾抗逆力 71
8.1 数据来源与方法 72
8.1.1 研究区概况 72
8.1.2 确定评价单元 72
8.1.3 构建评价指标体系 72
8.1.4 数据来源 74
8.1.5 评价方法 76
8.2 结果分析 77
8.2.1 指标筛选 77
8.2.2 关键影响因素分析 78
8.2.3 抗逆力评估 79
8.2.4 基于个体特征的抗逆力分析 80
8.3 本章小结 81
第9章 防洪减灾策略 83
9.1 完善与优化河南省防洪减灾应急管理体系 84
9.1.1 防洪减灾应急管理体系建设的必要性 84
9.1.2 河南省防洪减灾应急管理体系情况 86
9.1.3 河南省防洪减灾应急体系的薄弱环节 87
9.1.4 应急管理的生命周期理论及河南省防洪减灾应急管理体系的完善与优化 88
9.1.5 建议总结 93
9.2 降低农村居民洪灾社会脆弱性，提高洪灾风险防范与应对能力 94
9.2.1 提高农村居民灾害感知能力 94
9.2.2 降低农户洪灾暴露度 95

9.2.3 完善政府制度体系，加强政府主导型的资源投入力度 …… 97
9.2.4 加强经济建设，提高农民收入 …… 98
9.2.5 提高农村教育水平，注重人口素质的提高 …… 99
9.3 增强城市社区的洪灾抗逆力 …… 99
9.3.1 完善应急制度体系，提高洪灾管理能力 …… 100
9.3.2 开展工程性防御措施工作，增强水资源管理能力 …… 101
9.3.3 加强社区居民灾害教育，提高个体抗逆力 …… 103
9.3.4 加大商业保险的投保力度 …… 103
9.4 本章小结 …… 104
参考文献 …… 105
附录 …… 118
附录 1 主成分分析法确定权重的过程与结果 …… 118
附录 2 城市社区洪灾抗逆力基本情况调查表 …… 122

第1章 绪　论

1.1 研究背景

洪水灾害发生范围广、频率高、损失严重，已成为我国较为严重的自然灾害（李隆玲和任金政，2014）。据国际灾害数据库（Emergency Events Database，EM-DAT）统计，我国自然灾害发生频次逐年增加，造成的人员伤亡和经济损失也呈现相应的增长趋势（司瑞洁等，2007）。2006～2015年，我国共发生自然灾害306次[①]，其中暴雨发生次数最高，为110次，占自然灾害发生总频次的35.9%；受洪水灾害影响的人数最多，约4.77亿人次，占自然灾害总影响人数的51.8%（Liu and Li，2016；梁沛枫和潘东峰，2017）。我国民政及水利部门统计表明，1991～2012年，我国洪水灾害的直接经济损失约为29万亿元，年均直接经济损失超过1 000亿元，占自然灾害经济总损失的49.4%，若不考虑发生特大地震的2008年，洪水灾害损失占自然灾害总损失的60%以上（万新宇和王光谦，2011）。例如，1998年发生的流域（长江流域、嫩江流域和松花江流域）大洪水致使约2.4亿人不同程度受灾，1 380万人被紧急转移安置，直接经济损失为2 500亿～3 000亿元；而2012年7月发生的区域（北京）特大暴雨致使约190万人受灾，近6万人被紧急转移安置，直接经济损失超百亿元。2016年，我国因灾死亡/失踪人口和直接经济损失分别为1 706人和5 032.9亿元，其中约60%的人口死亡/失踪和直接经济损失由洪涝和地质灾害造成；从时间上看，重大灾害发生时间主要集中在6～7月，其中7月暴雨洪涝灾害突发连发，灾情发展迅猛，单月死亡失踪人口、倒塌房屋数量和直接经济损失均占全年灾害总损失的50%以上（刘南江等，2017）。2018年1月15日国家气候中心主任宋连春在中国气象局《中国气候公报》新闻发布会上指出：2017年我国暴雨洪涝灾害比较突出，而干旱、台风、强对流等灾害偏轻；在刚刚过去的2017年，我国暴雨过程频繁、重叠度高、极端性强，汛期共出现36次暴雨过程（中国天气网，2018）。从2018年2月1日民政部、国家减灾办公室发布的2017年全国自然灾害基本情况可以了解到：2017年我国自然灾害以洪涝、台风、干旱和地震灾害为主，其他灾害也有不同程度的发生。洪涝灾害的特点是主汛期暴雨洪涝集中发生，且秋汛灾害影响较重。具体来说，2017年全国共

---

① EM-DAT收录的灾害数据至少满足下述3个条件之一：报道有不少于10人因灾死亡；报道有不少于100人受到灾害影响；政府针对灾害事件宣布过国家处于紧急状态或请求过国际援助。

出现 43 次大范围强降雨过程。其中，6 月下旬至 7 月初，南方地区连续出现 11 天的强降雨天气，局部地区最大累计降雨量超过当地年均降水量的 2/3，造成长江中下游发生区域性大洪水，湖南、江西、贵州、广西、四川等省（自治区）发生严重洪涝灾害；7 月中下旬至 8 月上旬，东北、西北等地接连出现强降雨过程，如吉林发生内涝、陕西无定河发生超历史洪水，吉林、陕西两省灾情严重；9 月中旬至 10 月，安徽、河南、湖北、陕西等省持续出现连续阴雨天气，汉江等江河发生流域性洪水，秋汛灾害损失为近 5 年同期最高。据统计，2017 年洪涝和地质灾害共造成全国 6 951.2 万人次受灾、674 人死亡、75 人失踪、397.5 万人次紧急转移安置；13.4 万间房屋倒塌、23.2 万间房屋严重损坏、77.7 万间房屋一般损坏；直接经济损失达 1 909.9 亿元。其中，洪涝与地质灾害造成的死亡与失踪人数、紧急转移安置人次和直接经济损失分别占各类自然灾害的 76.5%、75.7%和 63.3%。由此可见，洪涝灾害已成为严重威胁我国人民生命财产安全和社会可持续发展的重要因素之一。

降低洪水灾害发生的频率，减少其造成的经济损失和人员伤亡就显得十分必要且非常迫切。就区域自然灾害而言，其形成和发展受孕灾环境、致灾因子和承灾体三者的综合作用。其中，孕灾环境是成灾的背景；致灾因子是成灾的前提；承灾体的脆弱性则是灾害大小的根源，在同一个强度的灾害下，灾情会随着承灾体脆弱性的增强而扩大（史培军，1996a）。然而，受技术水平所限，目前人类对自然灾害的孕灾环境和致灾因子只能从其成因或机理方面加以认识和了解，很难控制或改变其发生过程，无法减少其带来的风险（马定国等，2007）。由于承灾体不同，人类可以通过采取一定的措施来改变其特性，以降低其脆弱性。例如，通过提高建筑标准来增强建筑物的抗灾能力；通过相关知识和技能的培训、应急预案的制订与演练等提高人类对灾害的防御和应对能力；通过预测预报等技术手段与方法提前获取灾害发生的可能性、发生区域、灾害级别及影响程度，为应对灾害提前做好准备等（刘德林和梁恒谦，2014）。自然灾害的社会脆弱性研究已成为防灾减灾研究的一个重要方向，对区域防灾减灾规划及灾害风险管理等都有着极为重要的作用和意义（Cutter et al.，2013；周利敏，2012b）。

河南省地跨长江、黄河、海河和淮河四大流域，流域面积广、水系密度大，加上气候、环境和土壤条件的影响，境内水旱灾害频繁、强度大、危害广，为全国洪水重灾区之一，具有代表性（河南省科学院地理所《河南重大自然灾害综合研究》课题组，1991；张震宇，1993）。近几十年来，由于降水持续增多且时空分布不均，河南省洪水灾害几乎每年发生（刘德林，2014）。据不完全统计，1950～2004 年，河南省共发生洪水灾害 1 152 次，平均每年 20 余次，累计死亡 21 200 人，直接经济损失为 226.78 亿元（丁一汇，2008）。频繁发生的洪水灾害给河南人民的生命和财产安全带来了严重的威胁，给当地国民经济特别是农业生产及生态环境带来众多不利的影响。

基于上述分析，本书的目标是，首先，通过对自然灾害社会脆弱性的系统梳理，构建区域自然灾害社会脆弱性评价体系，并对研究区自然灾害的社会脆弱性进行整体评价；然后，研究乡村农户的洪灾社会脆弱性、洪灾风险感知和应急避险能力、城市社区的洪灾抗逆力；最后，在上述研究的基础上，提出降低区域、山区乡村和城市社区的洪灾社会脆弱性与提高洪灾抗逆力的具体策略和措施。本书以期为区域、山区乡村和城市社区的防洪减灾规划和风险管理提供决策依据，为承灾个体洪灾应对能力的提升提供具体措施指导，为洪灾的社会脆弱性评估提供方法借鉴、数据基础和研究案例。自然灾害社会脆弱性研究是一个跨学科的研究领域，其研究过程必将促进自然科学和社会科学的有效融合，推动跨学科交叉研究的发展。

1.2　国内外研究现状

随着人类对防灾减灾的重视和对自然灾害研究的不断深入，脆弱性已成为自然灾害研究的一个重要研究方向。例如，2001 年 4 月《科学》杂志上发表的《环境与发展：可持续性科学》一文把“特殊地区的自然-社会系统的脆弱性”研究列为可持续性科学的 7 个核心问题之一（Redman，2007）。同时，国际全球环境变化人文因素计划（International Human Dimensions Programme on Global Environmental Change，IHDP）、联合国政府间气候变化专门委员会（Intergovernmental Panel on Climate Change，IPCC）和国际地圈生物圈计划（International Geosphere-Biosphere Programme，IGBP）等多项国际性科学计划及组织也将脆弱性研究提上日程，有些学者甚至提出将脆弱性作为一个基础性的科学体系（Cutter，2003）。为使读者全面了解灾害社会脆弱性的研究现状，本节从灾害社会脆弱性的概念、评估模型和评估方法 3 个方面进行梳理与总结。

1.2.1　社会脆弱性的概念

社会脆弱性的概念是在脆弱性概念的基础上形成并发展的，而脆弱性的概念源于对自然灾害的研究。早在 1981 年，Timmerman 在地学领域首先提出了脆弱性概念，他指出脆弱性是系统在灾害事件发生时对不利影响的反应并对灾害事件的承受和从中恢复的能力（贾珊珊等，2014）。随后这一概念在自然灾害、气候变化和可持续性科学等诸多领域得到广泛应用（Cutter et al.，2013；Hizbaron et al.，2012；Meehl et al.，2000）。随着对灾害系统研究的深入，研究者发现自然灾害对人类社会造成危害的程度除受灾害本身特性的影响，还会受社会经济状况的影响。美国学者 Cutter（1996）在 *Vulnerability to Environmental Hazards* 一文中提出了灾害社会脆弱性的概念，进一步丰富和发展了脆弱性研究的理论和方法。此后，又有学者从不同的角度提出许多关于社会脆弱性的概念。例如，Clark 等（1998）指出社会脆弱性是指特定的社会群体、组织或国家，当暴露在灾害冲击之下时，易受到伤害或损失程度的大小。Pelling（2003）指出，社会脆弱性是灾前既存状态，是从人类社会内部固有特质衍生出来的。Wisner 和 Uitto（2009）指出，社会脆弱性是指个人或组织的特质及其社会地位影响他们预测、应对、抵御自然灾害及从灾害影响中恢复的能力。周利敏（2012c）则将社会脆弱性界定为社会群体、组织或国家暴露在灾害冲击下潜在的受灾因素、受伤程度及应对能力的大小。刘德林（2014）指出，自然灾害的社会脆弱性是一种与特定地点（区域）相联系的灾前既存状态，它受社会特质、灾害调适和应对能力的影响。贺帅等（2014）指出，社会脆弱性的理论内涵应从两个方面进行理解：①社会系统遭受灾害事件冲击时的敏感性。社会系统的这种敏感性涉及两个方面的内容。第一，灾害事件导致系统产生脆弱性的潜在因素，这些因素包括社会因素、经济因素、政治因素、文化因素和制度因素等，体现为社会系统整体的敏感性；第二，在灾害事件所带来的不利影响下，社会系统内各要素遭受损失的程度，体现为社会系统内部要素的敏感性。②社会系统的灾害应对和适应能力，体现为社会系统内部要素状态的变化，通过反馈机制对系统结构和功能产生影响。社会脆弱性是人类社会系统的一种既存状态，是指在现存或是预期发生的灾害事件的冲击和扰动下，人类社会系统所表现出来的易受损失的程度、灾害应对和适应能力。我国学者周利敏（2012a）根据目前学术界已提出的社会脆弱性定义所涉及核心问题的差异，将其归为 4 类：①重视灾害对系统的冲击及潜在威胁的“冲击论”定义；②突出灾害危险发生概率的“风险论”定义；③侧重系统内在特性的“社会关系呈现论”定义；④强调系统外部性的“暴露论”定义。

由于社会脆弱性本身的复杂性和各学者的研究视角不同，学术界对此概念尚未形成统一、明确的定义。不同研究视角下社会脆弱性的定义见表 1-1。

表 1-1　不同研究视角下社会脆弱性的定义

研究视角	典型定义	文献来源
自然灾害	用于定义灾害事件中潜在的损失、应对灾害的抵抗和恢复过程中社会群体易受危害的术语	Blaikie 等（1994）
	某一特定地区的自然灾害暴露程度、防灾备灾情况及其响应特征，它是对能够承受某些自然灾害的一系列要素能力的测度	Weichselgartner（2001）
	个人或群体，以及影响他们参与、处理、抵抗和从灾害的影响中恢复的特征，涉及许多因素，这些因素影响人们的生活、生计、财产和其他资本	Wisner 等（2004）

续表

研究视角	典型定义	文献来源
气候变化	暴露于气候变化和气候极端事件下的群体或个人受其压力影响的结果，这些压力包括群体和个人生计的破坏，以及对物质环境的被迫适应	Adger 等（2005）
	社会脆弱性是暴露度、敏感性和适应能力的函数	Wongbusarakum 等（2011）
地方/区域	社会群体易受自然灾害影响或损害的状态，以及从灾害中恢复的能力；是一个具有人口特征的函数和社会不平等的产物	Cutter（2006）
	社会条件与环境的相互作用导致的区域易受灾害的可能性，主要通过社会经济条件和人口特征来反映	Yi 等（2014）
土地利用变化	环境（土地利用）变化对社会系统产生的负面影响，与系统的敏感性成正比，与适应能力成反比	Huang 等（2012）
环境污染	由于人们对外部或内部压力缺乏足够的应对和响应能力而受到干扰的状态，这些压力来自环境或社会经济因素	Bich（2014）

资料来源：黄晓军等（2014）。

1.2.2 社会脆弱性的评估模型

为了社会脆弱性评估工作的有效开展，学者们提出了多种脆弱性评估模型。例如，风险-灾害（risk hazards，RH）模型、压力-释放（pressure and release，PAR）模型、灾害-地方（hazards of place，HOP）模型和可持续理论的脆弱性（sustainable development，SD）模型等（石勇等，2011）。但由于各学者对社会脆弱性的概念、影响因素及发生机制的理解不同，社会脆弱性的评估模型也存在较大差异。

1. RH 模型

在早期灾害风险研究中，Burton（1993）提出了 RH 模型（图 1-1）。他将灾害的影响后果视为致灾因子和人类相互作用的结果，并将脆弱性描述为承灾系统和个体是否受到致灾因子干扰或受到干扰的程度，指出人类对灾害的应对和适应是减轻自然灾害的根本途径。RH 模型重在描述关系而非解释机理，常用于工程建设和经济学的技术领域。RH 模型的不足之处在于其较多地关注致灾因子和灾害后果，只从自然灾害同人类的关系角度解释脆弱性，强调承灾体对致灾因子或环境冲击的暴露性和敏感性，却没有考虑人类社会对自然灾害的反作用，忽视了承灾系统外部的政治、经济环境及社会结构和制度因素对灾害的影响（Burton，1993；Kates et al.，1987；Turner et al.，2003）。

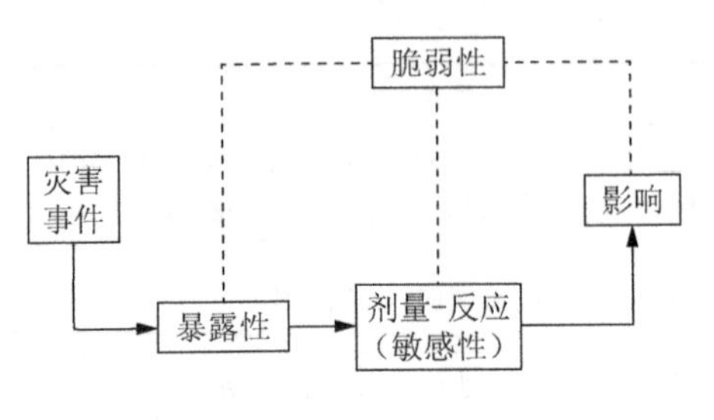

图 1-1　RH 模型

资料来源：Turner 等（2003）

2．PAR 模型

1994 年 Blaikie 等提出了 PAR 模型（图 1-2），阐明了自然灾害事件如何发生及如何影响脆弱的人口，从灾害根源上解释了脆弱性的形成机理。PAR 模型中脆弱性可以通过 3 个递进的过程来定义，分别是发生根源、动态压力和不安全条件（Kates et al.，1987）。PAR 模型弥补了 RH 模型的缺点，重点关注承灾体的物理特性，描述了脆弱性的形成过程，力图解释灾害发生的根本原因是承灾体所处的经济、政治背景，体现了致灾因子与人为因素的相互作用，但不足之处在于对自然致灾因子的成因和作用方式考虑较少，对自然系统和人为因素之间的相互关系也鲜有关注。

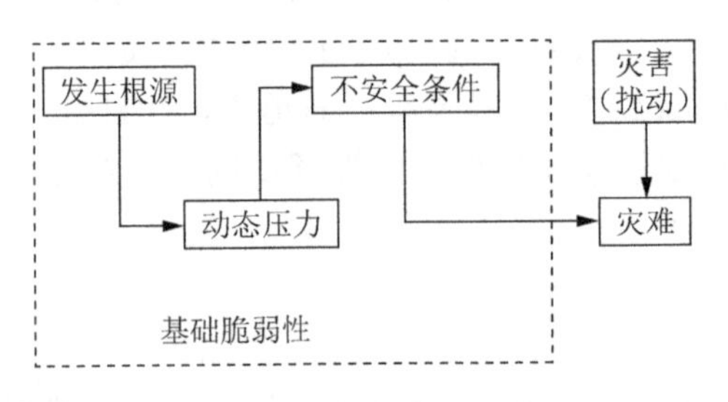

图 1-2　PAR 模型

3．HOP 模型

Cutter（1996）提出了 HOP 模型（图 1-3），将脆弱性研究看作涵盖了地学、社会学、人类学等的综合学科，是综合脆弱性评估的典型模型。HOP 模型同上述的 RH 模型和 PAR 模型不同，它不只关注承灾体的自然或人文特性，而是以特定区域为单位，从自然、社会、经济和环境几个方面来评价脆弱性，是一种综合模型。它把自然脆弱性研究中的风险与社会脆弱性研究中的康复力、应对能力等结合起来进行综合分析，同时考虑了系统面对压力时的内部易感性和外部暴露性，由此得出特定区域的综合脆弱性主要由自然（物理）脆弱性和社会脆弱性两部分构成，并加上了反馈机制，使自然脆弱性和社会脆弱性的评估结果能反馈回最初

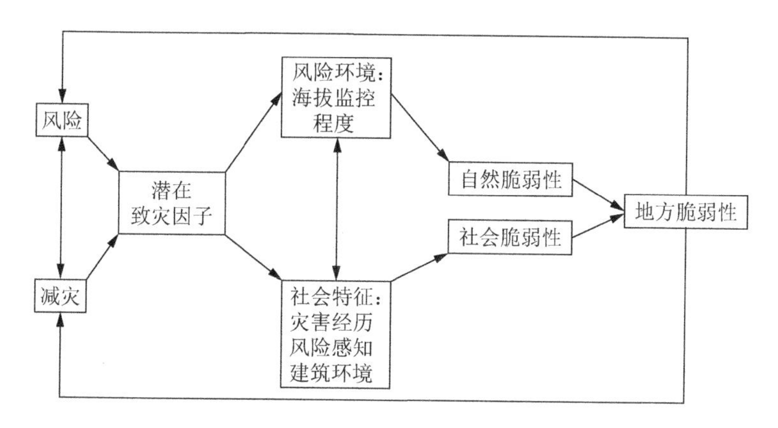

图 1-3 HOP 模型

资料来源：Cutter 等（2003）

的模型，最后根据反馈结果调整形成综合的脆弱性评估结果（Pelling，2003）。此模型避免了以往的脆弱性研究只关注自然或人文系统脆弱性的弊端，兼顾了承灾系统的复杂要素，适合应用在不同尺度的区域空间评估中。它的不足之处在于模型局限于灾害扰动下系统内部的脆弱性与应对能力，忽略了系统外部变化对脆弱性的影响。

4．SD 模型

Turner 等于 2003 年在 PAR 模型的基础上，从可持续发展的角度提出了 SD 模型（图 1-4）。他指出脆弱性是由“人-环境”这一耦合系统决定的，系统面对外界干扰的暴露度、敏感性和恢复力是脆弱性的关键构成要素（Turner et al.，2003）。其中，暴露度的组成要素主要包括个体的、家庭的、公司的、地区的及动植物生态系统的暴露性，其特征主要是暴露的频率、尺度及时间上的持久性等；敏感性主要包括人类系统和环境系统的敏感性；恢复力主要包括外界干扰对生命、经济系统、土壤和生态系统服务的影响，以及人类采取的响应措施，如新的项目、政策和自适应选择等。SD 模型是全球气候变化背景下可持续发展的脆弱性理论模型，它将脆弱性研究与“人-环境”耦合系统结合起来，强调了扰动的多重性和多尺度性，并表述了多重扰动下影响脆弱性的系统内部要素和外部要素之间的关系，对脆弱性产生的内因机理，以及“人-环境”耦合系统中自然灾害脆弱性的复杂性、多反馈性及跨尺度性等特点都有充分体现。SD 模型表明，人类与自然环境的脆弱性是相互联系的，系统的脆弱性也不是一成不变的，它随着时间、空间不断变化，具有动态性和区域性。由此可见，SD 模型是一个多要素、多尺度、多流向的闭合循环系统，不足之处在于该模型侧重于定性研究，很难用于定量研究。

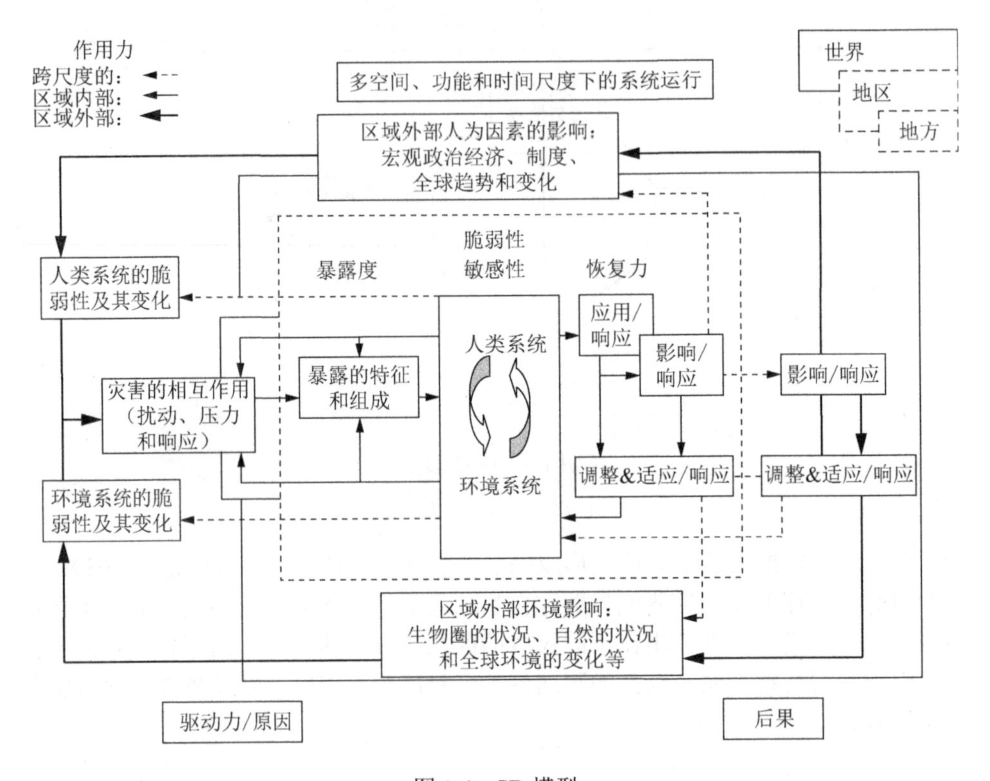

图 1-4　SD 模型

资料来源：Turner 等（2003）

1.2.3　社会脆弱性的评估方法

目前，社会脆弱性的评估方法尚未统一。现有的评估方法主要有基于实地调查的承灾个体社会脆弱性评估、基于历史灾情数据的灾害社会脆弱性评估、基于指标评价的灾害社会脆弱性评估和基于情景模拟的灾害社会脆弱性评估 4 种类型，上述评估方法各有优缺点（李鹤等，2008）。

1. 基于实地调查的承灾个体社会脆弱性评估

实地调查法是获得原始数据和第一手资料的有效方法之一，也是个体社会脆弱性有效评价的基础和前提。实地调查法的调查对象为承灾系统中的个体单元，如建筑物、基础设施等承灾单元和社会团体、常住居民等承灾个体；常用方法包括实地统计、问卷采访、数据搜集等。以承灾单元为调查对象时，如对建筑物的调查内容主要包括建筑物的建筑年限、层数、材料及用途等属性，对基础设施（如城市公共设施、学校、医院等）的调查要在实际调研的基础上分析其面对灾害的暴露度和易感性。以承灾个体为调查对象时，研究者应抽取调研群体样本，采用问卷调查、访谈的方式进行，对样本中脆弱性较高的弱势群体应给予更多关注。该方法试图以区域个体的脆弱性来反映总体的脆弱性，但其调查过程中的调查模式、统计方式和调查人员的主观性都会对调查结果的精度和准度产生影响，造成脆弱性评估结果的误差和可操作性低等缺点（梁恒谦等，2015）。我国学者对这一方法的应用较广，如谢标和杨永岗（1998）用此方法调查了贵州省息烽县的生态环境及人类活动状况，对贵州省岩溶山区生态环境的主要变化特征及人为活动在其中起到的作用进行分析，以此探讨了调研区域中的人类活动与生态环境脆弱性的关系；高惠瑛等（2010）选用福建省震害快速评估系统对实际调研结果进行分析，以此得出调研区域脆弱性的主要影响因素，并将结果用于下一步研究中。

2．基于历史灾情数据的灾害社会脆弱性评估

灾害风险指标（disaster risk index，DRI）计划和多发区指标计划是该方法的两个代表（黄蕙等，2008a，2008b；Pelling，2004）。DRI 计划以 EM-DAT 数据库为基础，计算灾害死亡人数和暴露人数的比值，以反映全球较大灾害的人口损失风险；而多发区指标计划则根据历史灾情数据进行死亡率，及相对或绝对经济损失率的计算，以反映区域脆弱性程度（Dilley，2005）。司瑞洁等（2007）分析了 EM-DAT 在 DRI 计划和多发区指标计划中的应用，并基于该数据库对 1976～2005 年亚洲洪水灾害特征进行了初步研究。石勇等（2009a）运用历史水灾灾情数据，对我国沿海 11 个区域进行宏观脆弱性与风险的分析，并对其空间分布特征和影响因素进行初步探讨。

该评估的优点是数据获取方便、计算简易且评价结果较为准确，适合应用于相对宏观的区域；其不足之处是该方法对于小尺度的区域缺乏适应性。

3．基于指标评价的灾害社会脆弱性评估

社会脆弱性指数（social vulnerability index，SoVI）是该评估方法的典型代表。SoVI 是由 Cutter（1996）基于地方-灾害模型首先提出的。目前，该方法已广泛应用于中国、美国、印度尼西亚、德国等国家或地区不同尺度上自然灾害或极端气候事件的脆弱性评估。例如，Cutter（2003）选择 42 个社会经济方面的变量，通过主成分分析法研究美国县域尺度上自然灾害的社会脆弱性，并准确地预测出 2005 年卡特里娜飓风的脆弱地区；Yi 等（2014）运用 12 个指标构建了城市尺度的社会脆弱性指数，研究了我国 323 个城市的自然灾害社会脆弱性；Zhou 等（2014）运用因素分析法构建省级尺度的社会脆弱性指数，研究了我国省级尺度灾害社会脆弱性的空间分布和时间变化特征；刘德林（2014）以河南省地市为基本评价单

元，运用秩次相关分析和主成分分析法筛选出 11 个相互独立的影响因子，构建了河南省自然灾害社会脆弱性指数，并借助 GIS 对评估结果进行了区划制图研究；Siagian 等（2014）利用社会脆弱性指数研究了印度尼西亚自然灾害的社会脆弱性，并提出了相应的应对策略；Fekete（2009）在对社会脆弱性指数有效性进行验证的基础上，研究了德国河流洪水的社会脆弱性。

基于指标评价的灾害脆弱性评估具有许多优点，同时存在一些不足之处。优点在于：可有效揭示社会脆弱性的时空演变格局，适用于不同地理环境、不同研究尺度和不同时期的社会脆弱性研究，被认为是目前量化社会脆弱性最简便的算法；能将自然灾害和社会脆弱性问题提到公众议程探讨，研究结果可供政府决策参考；在指数构建过程中对部分指标和指数进行了归一化或标准化处理，便于不同区域间评估结果的比较。不足之处在于通常一些被认为更脆弱的社会群体（妇女、老人、儿童和行动不便者等）可能确实有特殊需要，但现有的脆弱性指标和指数都难以识别，因为在整个灾害周期中并非所有的老人都一样脆弱等（周扬等，2014）。

4. 基于情景模拟的灾害社会脆弱性评估

基于情景模拟的灾害脆弱性评估主要基于不同的灾害情景，借助各种模型及数值模拟软件，较为直观地模拟灾害演化过程和承载体损失情况，进而评估灾害社会脆弱性。例如，詹承豫（2009）提出了基于“情景-冲击-脆弱性”分析框架的我国应急管理体系的完善方法与治理途径；郭振芳（2012）构建了社区尺度的火灾情景，分析了社区中的脆弱性因素，并提出脆弱性降低方法；权瑞松（2014）以情景模拟的手段评价了上海中心城区建筑暴雨内涝灾害脆弱性；石勇（2014）基于数字高程模型（digital elevation model，DEM）、遥感（remote sensing，RS）图像及模拟的水灾情景，利用 GIS 技术进行空间展布，得到龙华镇 3 种潮水水位时居民住宅内部财产的脆弱性分布图。

除上述 4 种常用评估方法，还有基于 GIS 的面向对象分析法、空间多准则评估法、图层叠置法和基于数理分析的函数模型法、反向传播（back propagation，BP）人工神经网络法和决策树分析法等（黄晓军等，2014）。上述评价方法各有优缺点，在实际评价过程中可综合运用，以提高评价结果的可靠性。

1.2.4 文献评述

通过文献分析发现，尽管诸多学者对于自然灾害社会脆弱性研究做了可贵的探索，取得了很多具有借鉴意义的成果，但还存在如下问题。

（1）总体来说，灾害社会脆弱性的研究尚处于起步阶段。尤其在我国，其相关的理论研究和案例研究都很少，特别是针对洪灾社会脆弱性的研究，基本处于空白状态。

（2）有关灾害社会脆弱性的概念、评价模型与方法均没有形成统一的模式；缺乏对社会脆弱性形成过程和内在机理的深入探讨；缺乏不同时空尺度社会脆弱性的动态对比分析，对社会脆弱性的时空过程和演化规律的研究不够。

（3）研究者与实际工作者缺乏合作与交流，没有使灾害社会脆弱性评价研究结果成为推进政府防灾减灾工作创新和机制创新的有力杠杆。

1.3 主要研究内容

1.3.1 洪灾社会脆弱性评估

在对洪灾社会脆弱性评估的本质、主体、功能、尺度、原则、模型等相关基本问题深入研究的基础上，首先，通过文献分析、专家访谈和实地调研，确定洪灾社会脆弱性的主要影响因素；然后，基于调研数据，利用主成分分析法、专家打分法和层次分析法等方法确定各参选指标的权重；接着，采用指数法构建不同空间尺度（市级尺度/村级尺度）的社会脆弱性指数；最后，利用所构建的社会脆弱性指数对市级尺度和山区乡村尺度的洪灾社会脆弱性进行评价与区划。

1.3.2 乡村农户的洪灾风险感知水平和应急避险能力

洪灾风险感知水平和应急避险能力是影响乡村农户洪灾社会脆弱性的两个主要因素。对洪灾风险感知的研究，主要是利用Fischhoff等（1978）提出的心理测量方法，通过问卷调查的方式对乡村农户的洪灾风险感知能力进行测量，继而分析个体的人口统计学特征、家庭特征、洪灾暴露程度和洪水经历对风险感知的影响；对应急避险能力的研究，主要是在分析影响乡村农户洪灾应急避险能力主要因素的基础上，通过构建结构方程模型，研究各影响因素对农户洪灾应急避险能力的作用途径和影响大小，进而提出乡村农户洪灾应急避险能力的提升策略。

1.3.3 城市社区抗逆力评价

选择河南省受洪水灾害影响较为严重的城市社区（河南省新乡市红旗区）为研究区域，通过文献调研和专家访谈的方法识别影响城市社区洪灾抗逆力的关键因素；构建社区尺度洪灾抗逆力评价指标体系，并利用评价体系和通过问卷调查获取的数据对研究区域的洪灾抗逆力进行评价，分析个体特征对洪灾抗逆力的影响；进而提出降低城市社区抗逆力的策略与方法。

1.3.4 基于评价的防洪减灾策略

在掌握河南省不同空间尺度（区域、山区乡村和城市社区）洪灾社会脆弱性分布特征和深入研究农户洪灾风险感知和应急避险能力的基础上，提出不同空间尺度下的防洪减灾策略。例如，利用应急管理的生命周期理论框架分析并完善河南省防洪减灾应急管理体系；通过降低农村居民洪灾社会脆弱性以提高洪灾风险防范与应对能力；通过应急管理体系的建设与应急管理能力的提高等增强城市社区的洪灾抗逆力。

1.4 研究思路与方法

1.4.1 研究思路

本书在分析洪水灾害特点及危害的基础上，系统分析洪灾评价的本质、主体、功能、尺度、原则和模型，构建不同空间尺度、不同研究内容的评价模型，并在对洪灾社会脆弱性进行评价的基础上，提出合理可行的防洪减灾策略。具体研究思路如下。

（1）通过对研究区域的基本情况及洪灾历史的回顾和对典型研究区域的介绍，形成研究背景和研究基础。

（2）通过查阅大量文献，掌握洪灾社会脆弱性、洪灾抗逆力、洪灾风险感知和洪灾应急避险能力等研究内容的相关理论及最新研究动态，厘清评价中的关键问题；在此基础上构建不同空间尺度下的洪灾社会脆弱性与抗逆力的评价模型，利用专家打分法、主成分分析法等相关数学方法确定各指标的相对权重。

（3）以河南省各地市为基本评价单元，利用所建模型和收集的数据，对区域洪灾社会脆弱性进行分区评价；以豫西山区受洪涝灾害影响比较严重的栾川县潭头镇各村为基本评价单元，研究乡村农户的洪灾社会脆弱性、风险感知水平和应急避险能力；以新乡市受洪灾内涝比较严重的红旗区各社区为基本评价单元，研究城市社区的洪灾抗逆力水平及个体特征对洪灾抗逆力的影响。

（4）在对河南省洪水发展历史、降水特征、洪灾社会脆弱性、洪灾抗逆力和洪灾避险能力等全面研究的基础上，从区域、山区乡村和城市社区 3 个不同的尺度提出了洪灾应对的相关建议和对策。

本书所采取的研究框架、具体研究内容和研究方法见表 1-2。

表 1-2 研究框架、具体研究内容和研究方法

<table>
<tr><th>研究框架</th><th colspan="2">具体研究内容</th><th>研究方法</th></tr>
<tr><td>理论基础</td><td colspan="2">洪灾及其社会脆弱性的相关理论与方法，洪灾及其社会脆弱性评价的本质、主体、功能、尺度、原则、模型等</td><td>文献分析法</td></tr>
<tr><td>研究背景</td><td>研究区概况、洪灾历史回顾及典型研究区域选择</td><td>了解研究区的地形地貌、河流水系、气候环境、土壤植被和人口经济等状况；回顾研究区洪灾历史；介绍典型研究区域和研究尺度的选择依据</td><td>文献分析法</td></tr>
<tr><td rowspan="7">主体内容</td><td>区域尺度的洪灾社会脆弱性</td><td>以河南省地级市为评价单元，以 Cutter 的社会脆弱性模型为基础，利用构建的区域尺度社会脆弱性指数对其进行评价</td><td>综合指数法
相关分析法
主成分分析法</td></tr>
<tr><td rowspan="3">山区乡村尺度的洪灾社会脆弱性</td><td>识别农户洪灾社会脆弱性的影响因素；构建农户洪灾社会脆弱性指数并评价其洪灾社会脆弱性；提出降低策略</td><td rowspan="3">综合指数法
问卷调查法
结构方程模型
主成分分析法
德尔菲法</td></tr>
<tr><td>设计农户洪灾风险感知量表，评价农户洪灾风险感知现状；识别农户洪灾风险感知影响因素并分析各影响因素对农户洪灾风险感知的影响</td></tr>
<tr><td>分析农户洪灾应急避险能力的主要影响因素；构建结构方程模型研究各影响因素对农户洪灾应急避险能力的作用途径和影响大小；提出农户洪灾应急避险能力的提升策略</td></tr>
<tr><td>城市社区尺度的洪灾社会抵抗力</td><td>识别影响城市社区洪灾社会抗逆力的关键因素；构建社区尺度社会洪灾抗逆力的评价指标体系并评价其社会抗逆力水平；分析个体特征对洪灾社会抗逆力的影响</td><td>综合指数法
主成分分析法</td></tr>
<tr><td>减灾策略</td><td>基于上述研究，从区域、山区乡村和城市社区 3 个不同的尺度提出防洪减灾非工程措施方面的相关对策和建议。具体如下：完善区域防洪减灾应急管理体系；增强山区乡村居民洪灾风险意识与应急避险能力；提高城市社区洪灾抗逆力水平等</td><td>实地调研法
专家咨询法</td></tr>
</table>

1.4.2 研究方法

本书所用的研究方法主要有文献分析法、综合指数法、结构方程模型、相关分析法与主成分分析法等。

1）文献分析法

通过收集、整理与分析国内外洪灾研究方面的相关文献，吸收借鉴国内外先进的研究方法与理论模型，为研究提供理论支持与量化研究方法。

2）综合指数法

综合指数法是本书的主要方法。利用综合指数法，构建洪灾风险评价模型、区域与乡村尺度的洪灾社会脆弱性评价模型和城市社区洪灾抗逆力模型。

3）结构方程模型

结构方程模型主要用于农户洪灾应急避险能力各影响因素之间的因果关系分析，以及各影响因素对农户应急避险能力的作用途径与影响程度的研究。

4）相关分析法与主成分分析法

相关分析法与主成分分析法主要用于多因素的降维处理，将众多的变量缩减到可控范围，同时用于指标权重的确定。

第 2 章　河南省概况及洪灾历史

2.1　河南省概况

河南省地处黄河中下游，地理坐标为东经 110°21′～116°39′，北纬 31°23′～36°22′，土地总面积为 16.7 万 km^2。其中，河南省下辖 17 个地级市，常用耕地面积为 813 万 hm^2。2017 年年末常住人口为 9 559.13 万，平均人口密度为 570 人/km^2。河南省横跨黄河、淮河、海河和长江四大水系，流域面积广、水系密度大，境内密布 1 500 余条河流。其中，流域面积在 100 万 km^2 以上的河流就有 493 条。河南省属暖温带-亚热带、湿润-半湿润季风气候，雨热同期、春旱夏涝，年均降水量为 500～900 mm，但降水时空分布不均，部分地区年均降水量可达 1 100 mm 以上，约有 60%的降水集中在汛期（王纪军等，2010）。河南省地貌和土壤类型复杂多样，地势起伏较大，海拔为 23.2～2 413.8 m。

洪水灾害及其社会脆弱性影响因素分项详述如下。

2.1.1　地形地貌

河南省东西横跨约 580 km，南北纵跨约 540 km，地形地势较为复杂，地貌类型复杂多样，形态结构和区域差异性显著，地势总体呈由西向东逐渐下降之势。河南省平原和盆地面积约为 9.3 万 km^2，约占全省总面积的 55.7%；山地和丘陵面积约为 7.4 万 km^2，约占全省总面积的 44.3%。河南省北、西、南三面环山（北部为太行山余脉，西部为秦岭余脉，南部为大别山，中南部自西北向东南为横亘 400 km 的伏牛山），中、东部为广阔的黄淮海冲积平原，西部为豫西山地，西南部为南阳盆地。根据中国大陆地貌自西向东呈现出的 3 个巨大地貌台阶逐级急剧降低的特点，河南省在全国地貌中的位置是跨第二级和第三级两级地貌台阶（任静和陈亮，2011）。具体来说，北部为太行山余脉，属第二级地貌台阶，地势高峻，海拔一般为 1 000～1 500 m；太行山脉以东以南，地势陡然下降，过渡为低山丘陵地区，属于第三级地貌台阶。西部为秦岭山脉向东的延伸，为黄河、淮河和长江支流汉水间的大分水岭，整个山势呈由西向东展开的放射状，海拔一般为 1 500～2 000 m，部分山峰海拔超过 2 000 m，向东地势逐渐降低且分散，形成低山和丘陵。南部为东南走向的桐柏山脉、大别山脉，是淮河和长江的分水岭，海拔一般为 600～800 m，部分山峰海拔超过 1 500 m。东部为广阔的平原，地势平坦，海拔一般为 40～80 m，相对高度约为 10 m，属第三级地貌台阶。黄河横贯平原中部，在孟津以下形成巨大的冲积扇平原，南部为淮河平原。南阳盆地位于河南省西南部，总的地势向南倾斜，东西北三面环山，中部低平，一般海拔在 100～150 m，相对高度为 20～30 m，盆地内分布着许多狭长的低缓岗地，使平原具有波状起伏的特征。此外，在山区各大河流沿岸分布着窄长的阶地平原和一些开山盆地（张光业，1964）。

2.1.2 河流水系

河南省自北向南分属四大流域，北部为海河流域，中部为黄河流域，西南部为长江流域，东南部为淮河流域，流域总面积为 16.7 万 km^2。其中，海河流域面积为 1.53 万 km^2，占全省土地总面积的 9.1%；黄河流域面积为 3.62 万 km^2，占全省土地总面积的 21.7%；淮河流域面积为 8.83 万 km^2，占全省土地总面积的 52.9%；长江流域面积为 2.72 万 km^2，占全省土地总面积的 16.3%。受地形影响，省内河流大多发源于西部、西北部和东南部山区，境内有 1 500 多条主干河流纵横交错。其中，河流流域面积在 10 000 km^2 以上的有 9 条，分别为黄河、洛河、沁河、淮河、沙河、洪河、卫河、白河、丹江；流域面积在 5 000～10 000 km^2 的有 8 条，分别为伊河、金堤河、史河、汝河、北汝河、颍河、贾鲁河、唐河。按流域范围划分：100 km^2 以上的河流共有 493 条，其中，黄河流域有 93 条，淮河流域有 271 条，海河流域有 54 条，长江流域有 75 条；流域面积在 50 km^2 以上的河道共有 1 030 条，其中，海河流域有 108 条，黄河流域有 213 条，长江流域有 182 条，淮河流域有 527 条。这些河道大体上分为山区河道和平原区河道两种类型。前者发源于山区，从山区流经平原，泄量上大下小；后者位于平原，流程长，泄量小，加上防洪标准低，一遇暴雨洪水，极易造成洪涝灾害。除黄河干流及沁河（由水利部黄河水利委员会专管），河南省主要防洪河道有淮河干流、洪汝河、沙颍河、卫河、伊洛河、唐白河、涡河和惠济河等。

此外，截至 2011 年，河南省已建成水库 2 361 座（其中，大型水库为 24 座，中型水库为 108 座，小型水库为 2 229 座），整修加固河道堤防超过 1.6 万 km（不包括黄河堤防），修建蓄滞洪区 13 处，总蓄滞洪量达到 16.94 亿 m^3；发展万亩以上灌区 255 处（1 亩≈666.67 m^2），机电井保有量为 129 万眼，有效灌溉面积达到 7 621 万亩，初步治理水土流失面积 3.34 万 km^2；小水电装机达到 36.84 万 kW；年供水能力达到 264 亿 m^3。同时，南水北调中线工程 731 km 河南段建设进展顺利；丹江口库区 16.54 万移民“四年任务、两年完成”的迁安目标已顺利实现。总体上，河南省治黄、治淮取得了一定成效，黄河水患基本得到控制；农业灌溉体系基本建立，有效灌溉面积大幅增加；水资源节约保护得到加强，水土保持和生态修复稳步推进；城乡供水体系、防洪抢险体系初步形成，生产和群众生活供水安全基本得到保证。

2.1.3　气候环境[①]

河南省地处暖温带-亚热带、湿润-半湿润季风气候区，主要受西风带大气环流控制，其过渡带气候特征明显；具有四季分明、雨热同期、复杂多样、气象灾害频繁等基本特点。一般特征是冬季寒冷雨雪少，春季干旱风沙多，夏季炎热雨丰沛，秋季晴和日照足。

1．气温

河南省年平均气温一般为 12.8～15.5℃，趋势为南部高于北部、东部高于西部。豫西山地和太行山地因地势较高，气温偏低，年平均气温在 13℃以下。南阳盆地因伏牛山阻挡，北方冷空气势力减弱。淮南地区由于位置偏南，年平均气温均在 15℃以上，是河南省比较稳定的暖温区。1 月气温最低在-3℃，7 月最高在 29℃。最低气温发生在 1951 年 1 月 12 日的安阳，为-21.7℃；最高气温发生在 1966 年 6 月 20 日的洛阳，高达 44.2℃。

2．降水

河南省大气降水主要受夏季季风和地形综合影响，全省多年平均（1956～2000 年）降水量为 771.1 mm。地区上呈现南部多于北部、西部多于东部的分布趋势。南部山区年降水量为 1 400 mm，北部平原区年降水量为 600 mm。由于山脉对气流的抬升作用，形成了伏牛山东麓鸡冢一带（年降水量为 1 200 mm）、大别山区北侧新县朱冲一带（年降水量为 1 400 mm）和太行山东麓卫辉市官山一带（年降水量为 800 mm）3 个降水量高值区。豫北东部平原和南阳盆地为相对低值区，金堤河、徒骇河、马颊河一带年降水量不足 600 mm，是河南省降水量最少的地区。

河南省降水量具有季节分配不均匀、年际变化大的特点。年降水量主要集中在汛期（6～9 月），汛期 4 个月降水量占全年的 50%～75%；冬季 12 月至次年 2 月降水量最少，占全年的 2%～10%。全省雨量站的最大年降水量与最少年降水量极值比一般为 2～4，个别站超过 5，豫北的南寨雨量站 1963 年年降水量为 1 517.6 mm，1965 年年降水量仅 273.9 mm，年降水极值比达 5.5。

河南省的降雨主要集中在汛期，汛期雨量又往往集中在几次暴雨或一两次暴雨过程中。7 月下旬至 8 月上旬，是河南省最易出现大暴雨的时期，习惯上称“七下八上”，是发生大洪涝的危险期。中华人民共和国成立以来的多次较大暴雨洪水就发生在这个时期，如“75·8”暴雨中心林庄最大 24 小时降雨量达

① 河流水系和气候环境所用数据资料来源于河南省水利厅官方网站：http://wap.hnsl.gov.cn/viewCmsCac.do?cacId=ff808081473df1f401473e3c972f03d2。

1 060 mm，1996 年 8 月 3 日林州最大 24 小时降雨量达 771 mm，2000 年 7 月 5 日延津最大 24 小时降雨量为 530 mm，2005 年 6 月 30 日南召白土岗最大 6 小时降雨量达到 520 mm，2016 年“7 • 19”暴雨中心林州百石湾最大 24 小时降雨量为 738 mm 等。由于河南省降雨时空分布不均，经常出现南涝北旱、北涝南旱、局部洪涝和局部干旱的现象，甚至出现连年干旱的情况。据统计，河南省一般旱灾 2～3 年出现一次，大旱、特大旱灾 10～20 年出现一次，局部干旱现象几乎年年有之。

2.1.4 土壤植被①

受气候地域分带规律的影响，河南省的植被也表现出南北不同的过渡性特点。主要表现为河南省北部伏牛山山脉东麓至淮河干流一线以北的广大地区的地带性植被为落叶阔叶林。其以栎林为主，在局部环境适宜的地区也有耐寒的竹林生长。河南省南部的地带性植被为常绿落叶阔叶林和暖温带针叶林。前者主要由栎类和枫香树等阔叶树组成，后者由马尾松和杉木等针叶树组成。人工植被以一年两熟轮作制的稻、小麦、杂粮等为主，二年三熟的较少。

境内土壤受气候和植被的共同影响，呈现如下分布特点：大致以伏牛山山脉主峰—淮河一线为界，在此线以北的落叶阔叶林植被下，广泛分布着暖温带地带性土壤——褐土，在此线以南，地带性土壤为黄棕壤。与此同时，受农耕的影响，土壤除具有地带性规律，也出现一系列非地带性土壤和耕作土壤。淮河干流以北的黄淮海冲积平原区，石灰性冲积层在地下水和人类耕作熟化参与下，形成大面积潮土，而在黄河背洼地和局部低洼地上，则有呈带状或斑状分布的盐碱土。北亚热带的丘陵、岗地、山间盆地等地，是人类长期耕种水稻地区，形成了黄棕壤性质的水稻土。而淮北平原和南阳盆地的地势相对低洼地区，多有土质黏重的砂姜黑土分布。

2.1.5 人口经济②

2015 年年底，河南省总人口为 1.07 亿人，常住人口 9 480 万人，平均人口密度为 642 人/km^2，人口自然增长率为 0.65‰。其中，常住城镇和乡村人口分别为 4 441 万人和 5 039 万人，城镇化率为 46.85%，男女性别比率为 1.074。从年龄结构来看，河南省常住人口中 0～14 岁、15～64 岁及 65 岁及以上人口分别为 2 012 万人、6 555 万人和 913 万人，所占比例分别为 21.2%、69.2%和 9.6%。根据联合国 1956 年关于“老年型”人口的标准（当一个国家或地区 65 岁及以上人口达到或

① 资料来源：段景春（1994）、张金泉（2013）。

② 数据来源及计算依据：《河南统计年鉴-2016》，http://www.ha.stats.gov.cn/hntj/lib/tjnj/ 2016/indexch.htm；《中国统计年鉴-2016》，http://www.stats.gov.cn/tjsj/ndsj/2016/indexch.htm。

超过总人口的 7%时，即为“老年型”人口），河南省人口年龄结构为“老年型”（祝坤艳，2017）。从人口负担来看，河南省总抚养比为44.6%，远高于全国37.0%的平均水平（河南省统计局，2016；中华人民共和国国家统计局，2016），其少儿抚养系数和老年抚养系数分别为30.7%和13.9%。有研究表明，2010～2015 年连续 6 年河南省总抚养比呈现逐年上升态势，人口负担重且呈持续加重趋势（祝坤艳，2017）。从受教育程度来看，6 岁及其以上人口文盲、小学、初中、高中和大专及以上人口比率分别为5.9%、27.0%、43.7%、16.0%和7.4%，受教育程度多集中在义务教育阶段，受高等教育（大专及以上）人口比率远低于全国 13.3%的平均水平。

2015 年，河南省生产总值为37 010.25 亿元，按可比价格计算，比 2014 年增长 8.3%。从产业结构来看，第一产业增加值为 4 209.56 亿元，增长 4.4%；第二产业增加值为 18 189.36 亿元，增长 8.0%；第三产业增加值为 14 611.33 亿元，增长 10.5%。河南省经济快速发展的同时，居民的生活水平也逐步提高，消费结构不断升级，但还存在一些问题。例如，城乡二元经济结构并没有得到根本改善，城乡居民的人均收支差距较大。2015 年，城镇居民家庭人均可支配收入和人均消费支出分别为 25 575.6 元和 17 154.3 元，分别为农村居民家庭人均纯收入和消费支出的 2.36 倍和 2.17 倍。从全国来看，河南省无论是家庭人均可支配收入还是人均消费支出，均低于全国平均水平。2015 年，全国城镇居民家庭人均可支配收入和消费支出分别为 31 194.8 元和 21 392.4 元，分别为河南省的 1.22 倍和 1.25 倍；全国农村居民家庭人均纯收入和人均消费支出分别为 11 421.7 元和 10 852.8 元，分别为河南省的 1.24 倍和 1.38 倍。

2.2　河南省洪灾历史

总的来说，河南省历史上洪水灾害发生频繁、灾情严重、受灾范围广、防治难度大。根据资料统计（张震宇等，1993），在公元前 206～公元 1949 年的 2 155 年间，河南省共发生洪水灾害 1 038 次，平均两年发生一次。根据收集的历史水灾统计数据，计算出各历史时期年均发生的水灾次数并绘制出水灾趋势图（图 2-1）。由图 2-1 可以清晰地看出，从汉朝到中华民国的两千多年间，河南省洪灾发生的频率总的来说呈明显上升趋势。具体来说，三国时期年均洪灾发生次数最少，为 0.18 次/年，元朝发生次数最多（0.90 次/年）。从与平均值的关系来看，宋朝以前年均发生水灾的次数均低于整个时期的平均值（0.48 次/年），最高发生频率为五代和宋朝的 0.42 次/年；元朝及其以后的历史时期均高于整个时期的平均值，就连年均发生洪灾次数最少的明朝（0.70 次/年），其年均灾害发生次数也远远高于平均值，为平均值的 1.46 倍。张震宇等（1993）的研究给出了该变化的原因，黄河在两汉时期成为地上悬河，频繁的河口决溢给河南省的平原地区带来较多的洪水灾害；从唐朝开始其洪灾年均发生次数明显增加，黄河决堤次数显著增加。例如，从唐朝中叶到五代的 200 多年内，黄河在河南省境内决溢二十多次；宋朝时期黄河河道变迁剧烈，元代时期连接南北水路交通的大动脉汴河被淤塞淹废。因此，宋元时期黄河所带来的水灾日趋严重；明清时期以来，黄河中下游地理环境急剧恶化，水土流失大幅度增加，黄河河道严重淤塞，河床迅速抬高，决溢发生得更加频繁，几乎年年发生水灾。频繁发生的水灾给河南人民的生命、生产和生活带来了巨大的不利影响（程炳岩和庞天荷，1994）。

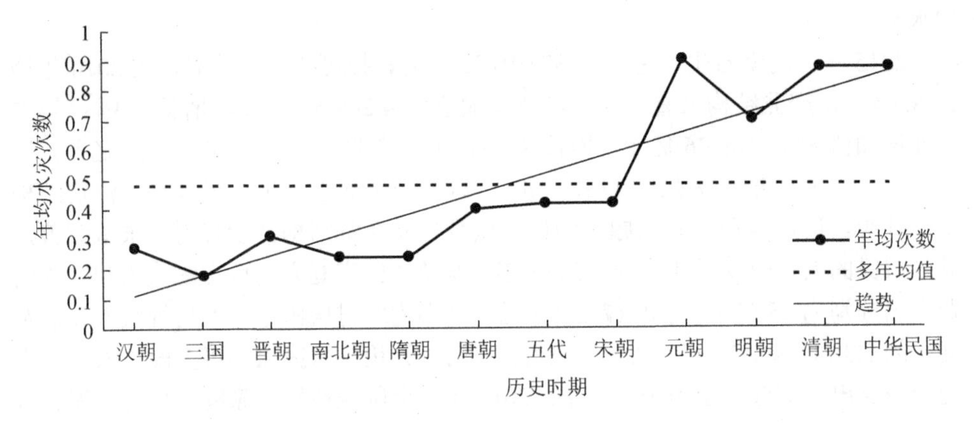

图 2-1　河南省各历史时期水灾趋势

第 3 章　河南省暴雨洪灾的典型研究区域

暴雨洪灾具有区域性的特点，实际研究中不可能也没必要涵盖河南省内的每一个区域。本章主要对河南省暴雨洪灾的典型区域进行分析、研究与选择，这样可以避免低效率的重复研究，也可以为同类区域的研究提供参考与借鉴。

3.1　典型研究区域的选择

影响暴雨洪灾的因素很多，结合本研究的研究目的和研究重点，本章主要考虑地形地貌和城乡结构两个方面。

从地形地貌上来看，河南省的地形地貌主要为平原盆地和山地丘陵。平原盆地的面积占全省总面积的 55.7%，山地丘陵的面积占全省总面积的 44.3%。河南省的洪水灾害主要包括平原洪涝型洪水灾害和山地丘陵型洪水灾害两大类型。平原洪涝型洪水灾害是指由江河洪水泛滥和当地洪水所造成的洪水灾害。其主要特点是水流扩散慢、波及范围广、持续时间长和损失影响大；主要是由当地暴雨积水不能及时排除引起的。山地丘陵型洪水灾害根据成因又可分为暴雨山洪、融雪山洪、冰川消融山洪或几种原因共同形成的山洪，其中以暴雨山洪最为普遍和严重。河南省山地丘陵地区的洪水灾害主要是由暴雨引起的。其主要特点是历时短、涨落快、涨幅大、冲击力强且破坏力大；从影响效果来看，此类洪水灾害虽然波及的范围较小，经济总量损失也不大，但往往会造成较多人员的伤亡。

从城乡结构来看，我国正在进行的快速城镇化对洪水灾害的孕灾环境、成灾机理、损失构成和影响范围产生了巨大影响，致使其产生了诸如水文特征的变异性、洪涝灾害的连锁性和洪灾损失的突变性等新的特点（李超超等，2019）。具体来说，快速城镇化使城市地面硬化率提高，透水面积减少，地表径流系数加大，同量级的降雨产汇流时间缩短，流量显著增加；同时受热岛效应的影响，城镇化使市区暴雨的强度增大、频率增加；加之我国城镇排水方式比较单一，多数城镇采用重力自排的排水方式，这种排水方式存在明显的弊端，使管网的排水作用不能及时发挥。上述原因造成了我国城市抵抗洪水灾害的能力薄弱（杨大勇，2013）。河南省 2018 年城镇化率为 51.71%，尽管低于全国城镇化率的平均水平（59.58%），但其城镇化率增幅位居全国第一。随着河南省城镇化进程的不断加快，城市建设规模迅猛发展，但城市排水能力越来越不适应，城市内涝现象屡屡出现，问题越来越突出。

从本研究的研究目的和研究重点来看，尽管河南省各地历史上大都发生过不同程度的洪水灾害，且有些洪水灾害造成巨大的人员伤亡和经济损失，但由于本研究的重点是河南省当前的洪水灾害社会脆弱性和抵抗能力，以及现在民众的洪水灾害风险感知和应急避险能力，目的是通过对相关内容的研究提出河南省不同空间尺度下的防洪减灾策略，在选择洪水灾害区域时，重点考虑近期发生过洪水灾害且便于数据收集和实地调查的区域。

综上所述，本研究选取山地丘陵区的暴雨洪灾区和平原地区的城市暴雨内涝区为典型研究区域。该选择既包括不同的地形地貌，又包含城市和乡村两种不同的社会组织特征，具有一定的代表性。具体来说，本研究选择位于豫西山区的洛阳市栾川县作为山地丘陵区暴雨洪灾的典型研究区域；选择新乡市红旗区作为平原地区城市暴雨内涝区的典型研究区域。研究区的基本情况、选择依据及理由详见 3.3 节。

3.2　研究尺度的选择

由于防洪减灾工作是一个复杂的系统工程，有效地应对洪水灾害、减少洪水灾害造成的人员伤亡和财产损失，需要构建一个“政府主导、部门联动、社会参与”的防洪减灾、抗灾、救灾体系，提高每个人的防洪减灾意识和能力。上述体系的构建，需要从不同的空间尺度进行研究。为此，我们构建了区域、山区乡村和城市社区 3 个不同的空间研究尺度。具体来说，在区域空间尺度上，以河南省各地市为基本研究单元，研究河南省各地市洪灾社会脆弱性的影响因素及其特点，并根据评价结果提出降低区域洪灾社会脆弱性的具体策略，目的是从较为宏观的尺度为河南省防洪减灾规划和风险管理提供决策依据；在山区乡村空间尺度上，以栾川县潭头镇 11 个村庄为基本研究单元，研究丘陵山区内乡村尺度的社会脆弱性分布情况，目的是为乡镇基层政府提供较为详细的防洪减灾指导；在城市社区空间尺度上，以新乡市红旗区 9 个社区为基本研究单元，研究平原区内城市社区暴雨内涝的抗逆力水平，目的是为城市社区防洪减灾规划和风险管理提供借鉴和依据。

3.3　典型研究区域概况

3.3.1　洛阳市栾川县

栾川县位于河南省洛阳市，地处豫西山区（111°11′～112°01′ E，33°39′～34°11′ N），全县总面积为 2 177 km^2，素有“四河三山两道川、九山半水半分田”之称。现辖 12 个镇 2 个乡 1 个管委会（重渡沟管委会）、213 个行政村（居委会），总人口35万，其中农业人口29.9万。栾川县山多地少，属于典型的深山区贫困县（陈万旭等，2018）。

从气候降水来看，栾川县属暖温带大陆性季风气候，气候过渡性明显且降雨量较多。据栾川县气象站1961～2010年资料统计，栾川县年平均降水量为784.7 mm，最大年降水量为1964年的1 386.0 mm，最少年降水量为1991年的598 mm（唐学哲等，2015）。由于该区受季风气候的影响较为强烈，降水量年内分配不均，夏季易受东南季风影响，雨量充沛且多暴雨。其中，6～9月4个月的降水量占全年降水量的63.3%；7～8月的降水量占全年降水量的39.3%，且经常出现暴雨（彭祖武，2013）。受地形地貌的影响，暴雨造成了洪水的陡涨陡落，历时短、洪峰高、突发性强，容易形成暴雨洪水灾害（唐学哲等，2015）。栾川县气象站降水资料显示，自1957年开始，历史上栾川县日降水量超过100 mm的年份有8年，分别为1960年的105.7 mm、1961年的128.8 m、1966年的108.8 mm、1993年的103.6 mm、1994年的118.2 mm、2004年的130.1 mm、2007年的100.8 mm以及2010年的155.8 mm（其中，2010年栾川站23～24日降水量超过200 mm）（彭祖武，2013）。极端的短时强降雨天气曾使栾川县历史上数次暴发泥石流（邵莲芬等，2013）。据《栾川县志》记载，栾川地区从清嘉庆十八年（1813年）到2001年的188年中，共计发生严重暴雨洪水灾害42次，平均每4.5年就发生一次。从历史洪灾的分布情况来看，以赤土店、大清沟、城关、庙子、陶湾、石庙、狮子庙、潭头等乡镇暴雨较多（彭祖武，2013）。有学者对栾川县1957～1989年的暴雨洪水统计表明，在这32年间，栾川县出现暴雨洪水灾害72次，年均2.3次，其中7～8月出现的暴雨洪水灾害有44次，占总数的61%（陈鹏宇和彭祖武，2017）。

从地形地貌来看，栾川县境内有三条主要山脉，南部为伏牛山脉，北部为熊耳山山脉，中部为熊耳山分生的鹅羽岭；境内海拔最高点是鸡角尖山峰，海拔为2 212.5 m，海拔最低点位于汤营村伊河出境处，海拔为450 m，相对高差为1 762.5 m。栾川县地势西南高而东北低，地形跌宕起伏，形成中山、低山和河谷三种类型。其中，海拔千米以上的中山区域面积占全县总面积的49.4%，千米以下的低山面积及河谷沟川占全县总面积的50.6%；全县总计高低山头9 251个，海拔超过1 000 m的有6 817个，山头密度为4.27个/km^2；共有大小沟岔8 550条，长于500 m的有2 715条（曾红彪等，2014）。栾川县地势险峻，地形地貌复杂多样，沟壑交错，地形陡峭，坡降大，高差大，加之境内降水量充沛，分配较为集中，极易引发暴雨洪水灾害及滑坡、泥石流等次生衍生灾害。

从河流水系来看，栾川县境内有伊河、小河、明白河、淯河4个流域，大小支流总计604条（曾红彪等，2014），境内河网密度大，为0.59 km/km^2。其中，“伊河、小河、明白河属黄河流域；淯河属长江流域。伊河发源于陶湾镇，流域面积1 273.97 km^2，干流长113 km，流经石庙镇、栾川乡、城关镇、庙子镇到潭头镇的汤营出境入嵩县。小河发源于白土镇，流经狮子庙镇、秋扒乡到潭头镇的断滩汇入伊河，流域面积 604.06 km^2，干流长 44 km。明白河发源于嵩县的明白川，由南向北穿过合峪镇，到嵩县的前河汇入伊河，县境内流域面积 276.24 km^2，干流 44 km。淯河发源于冷水镇，流经三川镇、叫河镇，从叫河镇的前龙脖出境入卢氏县，流域面积 323.08 km^2，干流长 55.6 km”（康学哲等，2015）。

从人类活动来看，①栾川县位于豫西山区多金属成矿带的中心区域，县内矿产资源丰富，是我国著名的多金属矿集区，也是全国 16 个重要多金属成矿带的核心区域。栾川县境内许多矿山企业直接采用露天开采方式，或者露天开采和井下开采两种方式进行开采，开采过程中堆放了大量松散的废土废渣，在沟谷堵塞严重或强降雨的情况下，极易形成滑坡、泥石流等暴雨山洪地质灾害。②近年来，栾川县大力发展旅游事业，建立了伏牛山地质公园，开发了养子沟、雪花洞等一大批旅游景点。在景区建设过程中，修建道路、景点建设往往会破坏植被并引发崩塌、滑坡等地质灾害。③栾川县境内可耕种的土地面积少，虽然国家前几年大力推进“退耕还林”政策，近年来栾川县生态环境大大改善，但仍有部分村民为解决自身生活用地的问题，普遍存在开山种地的现象，使原有的森林植被遭到破坏，雨季山洪暴发，雨水携沙带石顺坡而下，形成泥石流、滑坡等地质灾害。此外，不合理的滥砍滥伐造成荒山秃岭，也是该地区暴雨洪灾、滑坡、泥石流等自然灾害加重的原因。

特殊的地理位置和自然条件以及矿山开采、旅游交通、城镇建设和开荒种地等人类经济活动日益频繁，使得该区域生态环境脆弱敏感，山地自然灾害发生频繁，往往引发洪水、滑坡、水土流失等自然灾害，严重威胁人们的生命财产安全。

通过对栾川县的气候降水、地形地貌、河流水系和人类活动等影响暴雨洪灾的因素进行分析，结合本研究的重点和目的，选择栾川县作为本研究山地丘陵型洪水灾害的典型代表区域。

（1）栾川县的气候条件、下垫面性质、社会经济状况和人文环境等与豫西山区的其他地区具有很大的相似性，可作为山地丘陵区的暴雨洪灾区研究的代表区域。

（2）栾川县地形地貌复杂多样，地势海拔高低悬殊，境内河网密布，但河道较窄，行洪能力较差，潜藏着巨大的洪水灾害风险，以栾川县作为典型研究区域具有较大的实证研究价值。

（3）栾川县近年来矿山开采、旅游开发、城镇化建设和开荒种地等人类活动日益频繁，破坏了原有的生态环境和地表植被等，使暴雨洪灾、滑坡、泥石流等自然灾害加重。

（4）栾川县近几年曾多次遭受严重的洪涝灾害，相关数据资料比较充足且容易获得。

3.3.2　新乡市和红旗区

1．新乡市

新乡市地处河南省北部（113°23′～114°59′ E，34°53′～35°50′ N），北依太行，与鹤壁市、安阳市毗邻；南邻黄河，与郑州市、开封市隔河相望；西连焦作，与晋东南接壤；东接濮阳，与鲁西相连，土地总面积 7 198 km^2（赵文举等，2017）。现辖 12 个县（市、区）、1 个城乡一体化示范区、2 个国家级开发区，总人口 617 万。

从气候条件来看，新乡市属暖温带大陆性季风气候，该气候的基本特点是：四季分明、雨热同季、降水集中、旱涝频繁。具体来说，冬季寒冷少雨雪，春季干旱多风沙，夏季炎热多暴雨，秋高气爽季节短。新乡市多年平均年降水量为 600 mm 左右（孟春芳等，2017），降水量年内分配极不均匀，平均汛期（6～9 月）降水量占全年降水总量的 70%以上，7～8 月平均降水量占全年降水总量的 50%左右；此外，降水量在年际分配上也有较大的差异，如丰水的 1963 年，区域降水量均在 1 000 mm 以上，新乡站为 1 168.40 mm，卫辉站为 1 224.50 mm，枯水的 1965 年，区域降水量较少，仅在 309.60～487.00 mm，丰枯年相差 2.5 倍以上。这常常导致灾害性的大旱、大涝发生。

从地形地貌来看，新乡市地处华北平原西南部，南面靠近黄河，北部依靠太行山，境内地势北高南低，西高东低，北部主要为太行山地和丘陵岗地，南部为黄河冲积扇平原，平原地区地势平坦开阔，海拔高程较低，多在 160 m 以下，最低海拔高程仅为 72 m（鲁战乾，2013）。从不同地貌类型所占面积来看，山地和丘陵岗地面积为 1 560 km^2，占辖区总面积的 21.70%；平原面积为 5 638 km^2，占辖区总面积的 78.30%（赵文举等，2017）。

从河流水系来看，新乡市地处黄河流域和海河流域两大流域。其中，黄河流域总面积为 3 480 km^2，占全市土地总面积的 48.30%，主要包括位于南部和东部平原的原阳、延津、封丘及新乡县的东南部，主要支流有天然文岩渠和金堤河；海河流域总面积为 3 718 km^2，占全市土地总面积的 51.70%，主要包括西北部的辉县、卫辉二市以及获嘉县全部、新乡县大部分，新乡市区的卫滨区、牧野区、凤泉区及红旗区西部，主要支流有卫河、共产主义渠、人民胜利渠、武嘉干渠等人工河道（赵文举等，2017；牛晓蕾，2018）。

从人类活动来看，在我国快速城镇化的背景下，新乡市近年来发展迅速。单就城镇化率来看，2010 年新乡市的城镇化率仅为 42.89%，2018 年城镇化率超过 50%，高达 53.4%，高于河南省的城镇化率（51.71%）。快速的城镇化改变了城市下垫面性质和局地环境，影响了城市的排水系统和降水环境，加之全球气候变化引起的多发性极端降水和城市布局的不合理，城市洪涝灾害逐渐增多（冯倩倩和刘德林，2017）。城区内经常出现小雨湿鞋、大雨封路的局面，低洼路段、立交桥下等经常出现大面积积水，影响交通和公共设施等（牛晓蕾，2018）。

从历史洪水灾害来看，新乡市自古以来，水涝灾害就十分严重。据史料记载，自周景王二十二年（公元前523年）到民国三十八年（1949年）2 472年的不完全统计，新乡市境内有329年发生水涝灾害，平均每7.5年就发生一次。其中，周景王二十二年（公元前523年）至清宣统三年（1911年）的2 434年间，共记载水涝灾害年数达296年，民国元年（1912年）至民国三十八年（1949年）的38年间，记载水涝灾害的达24年之多，平均1.6年就发生一次（新乡市水利局，2005）。

中华人民共和国成立以来，新乡市尽管修建了大量的水利工程，在抗旱、排涝、灌溉、供水等方面发挥了很大的作用。但据水利资料显示，旱、涝灾害仍频繁发生，局部的旱涝灾害基本年年都有，大范围的、全市性的大旱和大涝也时有发生，对工农业生产和人民群众生活影响很大。由于新乡市境内的降雨主要集中在每年汛期的6～9月，汛期雨量又往往集中在几次暴雨之中，每次暴雨又往往集中在一两天或几天之内。因此，7月下旬至8月上旬，是新乡市最易出现大暴雨且容易发生大的洪涝灾害的危险期。如1956年、1963年、1988年、1996年的大洪水都发生在当年的8月，2000年的大洪水发生在当年的7月，2005年、2008年和2016年的大暴雨也发生在这两个月。值得一提的是2016年新乡市的“7.9”特大暴雨洪水灾害。

2016年7月9日，新乡市发生了局地性暴雨和特大暴雨，其中特大暴雨主要发生在新乡市区及周边的辉县、卫辉市和新乡县境内。此次强降水过程从9日凌晨1点开始，集中时段为凌晨3点到11点，11点强降水明显减弱。在这次暴雨中，全市有69%的区域雨量站降水达到暴雨以上量级，19%的站点达到特大暴雨量级（马月枝等，2017）；位于强降水中心的新乡站日降水量达到414.0 mm，比新乡站有气象记录以来日最大降水量的2倍还要多，是新乡站年平均降水量的75%（新乡站有气象记录以来的日最大降水量为200.5 mm，年平均降水量为554.0 mm）（马月枝等，2017；王金兰，2016）。此外，新乡市红旗区洪门镇气象站观测到的日最大降水量为461 mm（陈蓬等，2017）。

此次特大暴雨过程属极端降水事件。其最大的特点是历时短、强度大、区域集中，单站6 h最大降水量以及日最大降水量均为百年一遇（赵文举等，2017）。特大暴雨导致新乡市出现了严重的城市内涝，部分地区交通瘫痪、电力中断、道路毁坏、隧道和地下车库严重积水，严重地威胁到群众的生命和财产安全，不同程度地影响到群众的生产和生活。据统计，本次特大暴雨造成1人死亡，50多万人受灾，直接经济损失超过17亿元（马月枝等，2017；王金兰，2016）。

2．红旗区

新乡市市区面积约 430 km^2，包括红旗、牧野、卫滨和凤泉 4 区。市区内河流均属海河流域漳卫南水系，北部有共产主义渠由西向东通过，主要承泄上游山区的洪水；卫河由西向东横贯市区，主要排泄市区涝水和西孟姜女河、东孟姜女河、镜高涝河、人民胜利渠、赵定河来水；东南部由赵定河向东注入东孟姜女河；西孟姜女河和人民胜利渠由西南向东北注入卫河（冯倩倩，2017）。

红旗区是新乡市的主城区，市委市政府所在地，位于新乡市东南部，北以卫河、兴隆街、东二环、平原路、小店镇的北部边界为界，西以胜利路、化工路、和平路为界，南以关堤乡的南边界、小店镇的南边界为界，东以小店镇的东边界为界。红旗区是新乡市的政治文化中心区，辖区驻有小店工业区、科教园区和高新技术产业区。

红旗区属暖温带大陆性季风气候，多年平均降水量（1999～2015 年）约为 652.3 mm。由于受季风气候的影响，降水量年内分配十分不均，约 60%以上的降水集中在汛期（6～9 月），极易引发城市内涝。红旗区总面积约为 154 km^2，下辖 2 个镇 1 个乡和 7 个街道办事处，共 43 个行政村和 23 个社区，2018 年年末总人口约为 37.3 万人，城区人口占总人口的 68%。城区内工业和商业相对集中，人口密集，生产、生活排水量随经济发展不断增加，城市排水系统落后，城市不透水面积大，加上对城市洪灾应急管理经验不足，救援设施准备不充分，普通群众没有洪灾应对经验，大大降低了城市社区洪灾抗逆力水平。在实地调研中，从红旗区民政局“红旗区灾情日报”中获知，截至 2016 年 7 月 18 日，2016 年 7 月 9 日特大暴雨造成全区受灾人口达 71 625 人，转移安置 577 人，其中集中安置 206 人，紧急救助人口 6 369 人；受灾面积达 18 558 亩，其中绝收 8 394 亩；经济损失达到 60 710 万元，其中农业损失为 2 424 万元，家庭财产损失为 35 601.6 万元；房屋倒塌 9 户 15 间，房屋严重损坏 113 户 256 间。

通过对新乡市的气候条件、地形地貌、河流水系、人类活动和历史洪水灾害的分析，结合本研究的重点和目的，选择河南省新乡市红旗区所辖社区作为研究平原洪涝型洪水灾害的代表区域。

（1）新乡市红旗区位于河南省平原地区，其地理特征和河南省大多数平原城市具有很大的相似性，可作为平原城市暴雨洪灾区研究的代表区域。

（2）新乡市受暖温带大陆性季风气候影响，降水量和降水时间相对集中，容易产生极端降水天气，进而引发暴雨洪水灾害。

（3）红旗区是新乡市政治、经济、文化中心，且在 2016 年 7 月 9 日特大暴雨洪水灾害中的应急管理方面存在一些不足。

（4）红旗区最近一次特大暴雨洪水灾害发生的时间距离现在比较短，有利于进行实地调研和相关数据的获取。

3.4 本章小结

首先，本章在分析河南省地形地貌和城乡结构的基础上，结合本研究的重点和目的，提出典型研究区域的选择依据。

接着，从“政府主导、部门联动、社会参与”的防洪减灾、抗灾和救灾体系构建的角度确定区域、山区乡村和城市社区 3 个不同的空间研究尺度。

然后，在对典型研究区域自然和社会状况介绍的基础上，阐明具体典型研究区选择的原因。

最后，确定将位于豫西山区的洛阳市栾川县作为山地丘陵区暴雨洪灾的典型研究区域；将新乡市红旗区作为平原地区城市暴雨内涝的典型研究区域。

第4章 河南省洪灾社会脆弱性评价

2017年年末，河南省常住人口为9 559.13万，人口密度大（约为570人/km²），约为全国平均人口密度的4倍。2017年，河南省城镇常住人口为4 794.86万，常住人口城镇化率超过50%，高达50.16%。过多的人口导致资源的不足和不均，快速的城镇化进程使部分农民向城市集中，加上产业结构不合理、人口老龄化、性别比例失衡、总体人口素质偏低等因素（薛莉娟和胡方萌，2012），河南省自然灾害的社会脆弱性大大增加。

本章的主要目的是，通过对河南省自然灾害社会脆弱性的研究，构建区域尺度下的通用的自然灾害社会脆弱性评价指标体系与方法，并利用所建评价体系对河南省各地市自然灾害的社会脆弱性进行评价，以期为河南省防灾减灾规划和风险管理提供决策依据，同时为区域自然灾害的社会脆弱性评估提供方法借鉴和研究案例。需要说明的是，本章自然灾害社会脆弱性评价的方法和指标体系，同样适用于洪灾社会脆弱性评价。

4.1 数据来源与方法

4.1.1 确定评价单元

自然灾害社会脆弱性评价的尺度很多，可以是全球、国家/区域、省级、市/县级、乡镇级、村级甚至是家庭及个人尺度。本章确定的评价尺度是市/县级，具体做法是以河南省17个地级市和1个省辖市为基本评价单元，建立数据库，为社会脆弱性评价提供空间基础。本章所用行政区划数据来源于河南省1∶250 000基础地理信息系统。

4.1.2 选取评价指标

影响自然灾害社会脆弱性的因素众多。在专家咨询和查阅文献的基础上，借鉴Cutter等（2003）提出的社会脆弱性评估指标体系，结合河南省实际情况和数据的可获得性，构建社会脆弱性评估指标体系。所选指标数据主要来源于《河南统计年鉴-2012》。

4.1.3 处理指标数据

所选各指标的量纲与单位不同，因此需对各指标进行标准化处理以得到相对统一的量纲；同时各指标对社会脆弱性的贡献有正有负，也需将产生负效应的指标进行相应的转化。为消除上述影响，利用极差标准化方法对各指标进行如下处理。

正向相关指标：

$$x_i' = (x_i - \min x_i) / (\max x_i - \min x_i) \tag{4-1}$$

负向相关指标：

$$x_i' = (\max x_i - x_i) / (\max x_i - \min x_i) \tag{4-2}$$

式中，x_i' 为指标 i 的标准值；x_i 为指标 i 的原始值；$\max x_i$ 和 $\min x_i$ 分别为指标 i 的最大值和最小值。经上述处理，各指标的数据值范围为[0,1]。

4.1.4 确定指标权重

权重是指标评价法的关键，其赋值是否合理，直接关系到评估结果的可信度。本章选用定性分析与定量分析相结合的层次分析法确定各参评指标的相对权重。层次分析法是一种系统化的分析决策与评价方法，它将定性分析和定量分析有机结合，将复杂问题层层分解，使人的思维过程系统化与数学化，进而利用较少的定量数据解决多目标、多准则或无结构的复杂问题。该方法具有原理简单、结构清晰、适用面广等特点（刘莉和谢礼立，2008）。该方法既避免了主观赋权法（如专家打分法、专家排序法等）客观性较差的缺点，又避免了客观赋权法（如因子分析法、相关系数法、变异系数法等）计算的指标权重与客观结果有一定差距，甚至背离的情况。层次分析法的基本原理是充分利用专家的经验和判断来建立研究目标的多层次结构模型，通过构造两两比较判断矩阵确定各层因素对研究目标相对重要性的定量化描述。它具体包括递阶层次结构原理、标度原理和排序原理 3 个方面（李祚泳，1991）。其计算过程共包含 5 个步骤，分别为建立问题的层次结构模型、构造两两比较判断矩阵、判断矩阵的一致性检验、层次单排序及一致性检验和层次总排序。其具体的计算过程可参考唐启义和冯明光（2007）的文献。

4.1.5 计算相对社会脆弱性

利用标准化的指标数据和确定的指标权重，采用综合指数法计算河南省各评价单元自然灾害的相对社会脆弱性。计算公式为

$$\mathrm{SoVI} = \sum_{i=1}^{n} x_i w_i \tag{4-3}$$

式中，SoVI 为社会脆弱性指数；x_i 为某区域第 i 个指标值的标准化数据；w_i 为第 i 个指标所占的相对权重。SoVI 的值越大，表示区域自然灾害的社会脆弱性越高。

4.2　结果与讨论

4.2.1　研究结果

1. 指标体系的构建

为有效评估河南省自然灾害的社会脆弱性，本章借鉴 Cutter 等（2003）提出的社会脆弱性评估指标体系，结合河南省实际情况和数据的可获得性，初步选定 62 个评价指标（表 4-1）。考虑到部分指标间存在强相关性，对各指标进行秩次相关分析，如果两个指标间的相关系数大于 0.8 或小于−0.8，其中的一个指标会被随机保留。经相关分析后，有 28 个评估指标被保留（表 4-2）。由于所保留指标太多，为了便于计算和分析，采用主成分分析法进一步缩减指标个数到可控水平，计算结果中累计贡献率>80%且特征值大于 1 的主成分将被保留，各主成分中载荷值最大的指标代表该主成分用于评价结果的计算与分析（Liu et al.，2013；刘德林和刘贤赵，2006）。经上述步骤，最终选定 11 个相互独立的评估指标（表 4-2 和表 4-3）。

表 4-1　自然灾害社会脆弱性评价初选指标

项目	量化指标
人口	常住人口数、人口出生率、人口自然增长率、城镇化水平、女性人口比例、农村人口比例、0～14 岁人口比例、15～64 岁人口比例、65 岁及以上人口比例、人口密度、少年儿童抚养系数、老人抚养系数、总抚养系数、育龄妇女人口比例、家庭户数、集体户数、平均户规模、少数民族人口比例
经济	人均纯收入、地方财政收支比例、人均 GDP、地区总产值、城镇居民人均可支配收入、城镇居民恩格尔系数、农民人均纯收入、农民恩格尔系数、城乡居民人均存款余额
就业	总从业人口数、从业人口比例、农林牧渔从业人口比例、采矿业从业人口比例、服务业从业人口比例、专业技术和管理人员从业人口比例、女性就业人口比例、登记失业率、第三产业占总从业人口比例
教育	15 岁以上文盲比例、高中生比例、大专生比例、本科生比例、研究生比例、人均教师数
住房	房屋平均寿命、人均建筑面积、人均住房面积
交通	等级公路密度、民用汽车拥有量、人均私家车数、人均摩托车数
通信	人均移动电话数、人均固定电话数、人均公用电话数
医疗卫生	单位面积卫生机构个数、每万人病床数、每万人职业助理医师数、每万人注册护士数
商业工业	单位面积规模以上工业数、规模以上工业增加值、单位面积商场数
社会保障	失业保险人口比例、医疗保险人口比例、每平方千米社区服务设施数

表 4-2 主成分累计贡献率、特征值和主成分载荷值

项目		PC_1	PC_2	PC_3	PC_4	PC_5	PC_6	PC_7	PC_8	PC_9	PC_{10}	PC_{11}
累计贡献率/%		11.2	20.6	28.5	36.2	43.8	51.4	58.9	66.4	73.0	79.4	84.5
特征值		3.14	2.61	2.24	2.15	2.13	2.12	2.12	2.08	1.86	1.79	1.42
评估指标	**人口密度**	−0.05	−0.19	**−0.50**	0.05	0.01	−0.06	0.01	−0.01	0.39	−0.09	0.06
	女性人口比例	−0.03	−0.12	0.11	−0.18	0.26	**0.57**	−0.01	−0.02	0.07	0.03	0.08
	农村人口比例	−0.02	−0.13	0.21	0.28	0.11	−0.09	0.31	0.45	0.07	0.04	0.07
	0～14 岁人口比例	0.02	−0.13	0.23	0.33	0.02	−0.06	0.06	**−0.52**	0.08	0.03	0.07
	65 岁及以上人口比例	0.02	−0.11	0.17	0.09	−0.19	−0.03	**−0.58**	0.18	0.08	0.03	0.07
	人口自然增长率	0.55	0.10	−0.05	−0.03	0.03	0.00	0.03	0.01	0.01	−0.01	0.02
	少数民族人口比例	−0.15	**0.51**	−0.01	0.03	−0.01	0.01	0.01	0.00	−0.01	−0.25	0.29
	平均户规模	−0.02	−0.04	0.10	−0.24	−0.56	0.07	0.24	−0.02	0.09	0.09	0.05
	集体户数	−0.05	−0.04	0.15	−0.43	0.26	−0.38	−0.02	−0.06	0.09	0.10	0.09
	人均住房面积	−0.10	0.45	−0.03	0.10	0.04	0.05	−0.03	0.00	0.24	0.38	−0.15
	15 岁以上文盲比例	−0.03	−0.02	0.03	−0.01	0.00	0.00	0.00	0.00	−0.08	−0.22	**−0.63**
	人均纯收入	**0.56**	0.09	−0.03	0.00	0.01	0.00	0.02	0.00	0.02	0.02	0.03
	等级公路密度	−0.02	−0.03	0.03	−0.05	0.02	−0.04	−0.01	0.00	−0.03	−0.02	-0.09
	人均私家车数	−0.08	0.26	0.02	0.01	0.00	0.00	0.00	0.00	−0.08	**−0.44**	0.25
	人均移动电话数	−0.07	−0.09	−0.29	0.06	0.00	−0.02	−0.01	−0.01	**−0.50**	0.29	0.07
	人均摩托车数	−0.05	−0.17	−0.46	0.04	0.01	−0.05	0.01	−0.01	0.46	−0.13	0.05
	人均公用电话数	−0.03	−0.12	0.10	−0.18	0.26	0.57	−0.01	−0.02	0.08	0.03	0.08
	单位面积卫生机构个数	−0.02	−0.12	0.21	0.27	0.11	−0.08	0.31	0.45	0.08	0.04	0.07
	每万人病床数	−0.02	−0.04	0.10	−0.24	**−0.56**	0.07	0.24	−0.02	0.08	0.09	0.04
	总从业人口数	0.02	−0.11	0.17	0.10	−0.18	−0.03	−0.58	0.17	0.09	0.03	0.07
	农林牧渔从业人口比例	0.55	0.10	−0.05	−0.02	0.03	0.00	0.02	0.02	0.01	0.00	0.02
	采矿业从业人口比例	−0.06	0.15	−0.01	0.01	−0.01	0.00	0.00	0.00	−0.08	−0.20	0.36
	服务业从业人口比例	0.01	−0.13	0.24	0.35	0.02	−0.07	0.08	−0.50	0.08	0.03	0.08
	专业技术和管理人员从业人口比例	−0.10	0.45	−0.04	0.11	0.04	0.05	−0.03	0.00	0.20	0.40	−0.15
	第三产业占总从业人口比例	−0.05	−0.06	−0.22	0.04	0.00	−0.02	−0.01	−0.01	−0.38	0.17	0.15
	每平方千米社区服务设施数	−0.05	−0.04	0.16	**−0.44**	0.26	−0.39	−0.02	−0.06	0.10	0.11	0.07
	医疗保险人口比例	−0.05	0.08	0.04	−0.02	0.01	−0.02	0.00	0.00	−0.09	−0.37	−0.42
	人均 GDP	−0.04	−0.10	−0.22	0.03	0.00	−0.02	0.00	0.00	−0.19	0.13	0.00

注：①PC_i 为第 i 个主成分，$i=1,2,\cdots,11$；②表中黑体数据为各主成分中的最大载荷值；③黑体指标为选定的评估指标。

表 4-3　参评指标及其对灾害社会脆弱性的影响

参评指标	所代表主成分的贡献率/%	相对权重	社会脆弱性影响描述
人均纯收入	11.23	0.13	人均纯收入越高，个人或家庭财富积累越多，获取社会资源的能力也就越强。因此，对灾害中损失的可接受程度和灾害抵抗能力越强，越容易进行灾害恢复，社会脆弱性也就越低
少数民族人口比例	9.33	0.10	文化不同和语言障碍是少数民族人口影响区域社会脆弱性的主要原因。此外，社会经济和政治边缘化在一定程度上影响了他们获取社会资源的能力。区域少数民族人口比例越大，社会脆弱性越高
人口密度	7.99	0.11	区域人口密度越大，自然灾害暴露人口越多，造成的人员伤亡和损失就会越大，社会脆弱性越高
每平方千米社区服务设施数	7.67	0.09	服务设施和病床属于基础公共设施，是一个区域经济发展的体现，每平方千米社区服务设施数和万人病床数越多，表明区域经济发展越好，灾时应对和灾后恢复能力越强。区域基础服务设施越好，社会脆弱性越低
每万人病床数	7.59	0.09	
女性人口比例	7.57	0.07	女性由于就业率与工资相对男人较低，加上较多的家庭责任和较低个人心理承受能力，信息获取、灾害应对和灾后恢复能力相对较差。女性人口比例越大，社会脆弱性越高
65 岁及以上人口比例	7.56	0.07	65 岁以上和 14 岁以下人口属自然灾害弱势群体。由于他们自身能力相对较低，一方面难以躲避或应对自然灾害，另一方面还需要家庭其他成员的照顾，不利于灾害的应对和恢复。老人和儿童所占比例越大，社会脆弱性越高
14 岁以下人口比例	7.43	0.08	
人均移动电话数	6.66	0.09	人均移动电话数和私家车数反映了灾害信息获取和避险能力，人均电话数越多，说明信息获取能力越强，人均私家车数越多，灾害避险和转移能力越强，社会脆弱性越低
人均私家车数	6.39	0.10	
15 岁以上文盲比例	5.06	0.07	教育水平往往和社会经济地位相联系。一般来说，受教育程度越高，社会地位越高，获取灾害信息的能力和灾害应对与恢复能力越强。受教育人口越多，社会脆弱性越低

由表 4-2 可知，主成分分量 PC_i（$i=1,2,\cdots,11$）是由 28 个原始变量通过主成分分析得到的一组新变量，以 84.5%的累计贡献率（概率）替代了原变量系统，既能充分地反映原始变量的主要信息，又可极大地缩减变量的个数。各参评指标及其对自然灾害社会脆弱性的影响见表 4-3。

2. 指标权重的确定

本章采用层次分析法确定的各指标相对权重见表 4-3。由表 4-3 可知，人均纯收入所占权重最大，为 0.13；人口密度次之，为 0.11；女性人口比例、65 岁及以上人口比例和 15 岁以上文盲比例所占权重最小，均为 0.07；其他参评指标居中，权重范围为[0.08～0.10]。

3．社会脆弱性评估

将各指标数据的标准化值代入式（4-3），可获得各基本评价单元的自然灾害社会脆弱性指数，在考虑均值（0.58）、标准差（0.15）和极差（0.55）的基础上，将各评价单元的自然灾害社会脆弱性划分为低、中、高 3 个等级，其取值范围分别为（0.27～0.44）、[0.44～0.73）和[0.73～0.84)，分别用Ⅰ、Ⅱ、Ⅲ表示（表 4-4）。

表 4-4　河南省自然灾害社会脆弱性等级及分项得分表

评价单元	x_1	x_2	x_3	x_4	x_5	x_6	x_7	x_8	x_9	x_{10}	x_{11}	SoVI 值	等级
周口	0.13	0.07	0.06	0.09	0.09	0.03	0.05	0.08	0.09	0.08	0.06	0.83	Ⅲ
商丘	0.12	0.08	0.05	0.09	0.08	0.03	0.05	0.05	0.08	0.08	0.07	0.78	Ⅲ
驻马店	0.12	0.03	0.03	0.09	0.07	0.04	0.07	0.08	0.08	0.10	0.04	0.75	Ⅲ
南阳	0.11	0.10	0.02	0.08	0.08	0.00	0.04	0.07	0.08	0.10	0.03	0.70	Ⅱ
开封	0.11	0.08	0.06	0.06	0.06	0.03	0.04	0.06	0.07	0.08	0.05	0.70	Ⅱ
信阳	0.12	0.02	0.01	0.07	0.09	0.03	0.06	0.07	0.08	0.09	0.06	0.69	Ⅱ
许昌	0.09	0.07	0.07	0.05	0.07	0.00	0.06	0.05	0.06	0.08	0.03	0.63	Ⅱ
漯河	0.10	0.05	0.09	0.07	0.06	0.01	0.06	0.02	0.07	0.09	0.03	0.63	Ⅱ
濮阳	0.11	0.01	0.07	0.08	0.06	0.03	0.02	0.07	0.06	0.05	0.05	0.63	Ⅱ
安阳	0.09	0.00	0.05	0.04	0.06	0.07	0.04	0.07	0.06	0.07	0.02	0.57	Ⅱ
平顶山	0.08	0.07	0.05	0.05	0.05	0.01	0.05	0.04	0.07	0.08	0.03	0.57	Ⅱ
新乡	0.09	0.04	0.05	0.05	0.04	0.03	0.03	0.06	0.06	0.07	0.02	0.54	Ⅱ
焦作	0.07	0.10	0.07	0.01	0.04	0.03	0.03	0.03	0.05	0.07	0.01	0.51	Ⅱ
洛阳	0.06	0.05	0.02	0.03	0.04	0.03	0.04	0.05	0.06	0.07	0.02	0.47	Ⅱ
鹤壁	0.07	0.00	0.06	0.02	0.06	0.01	0.00	0.07	0.06	0.07	0.03	0.44	Ⅱ
三门峡	0.08	0.02	0.00	0.08	0.05	0.02	0.04	0.00	0.05	0.06	0.00	0.40	Ⅰ
济源	0.05	0.06	0.02	0.08	0.05	0.02	0.00	0.02	0.04	0.03	0.00	0.38	Ⅰ
郑州	0.00	0.08	0.11	0.00	0.00	0.03	0.02	0.02	0.00	0.00	0.01	0.28	Ⅰ
最大值	0.13	0.10	0.11	0.09	0.09	0.07	0.07	0.08	0.09	0.10	0.07	0.83	

注：x_1为人均纯收入；x_2为少数民族人口比例；x_3为人口密度；x_4为每平方千米社区服务设施数；x_5为每万人病床数；x_6为女性人口比例；x_7为 65 岁及以上人口比例；x_8为 14 岁以下人口比例；x_9为人均移动电话数；x_{10}为人均私家车数；x_{11}为 15 岁以上文盲比例。

由表 4-4 可知，周口、商丘和驻马店社会脆弱性等级为Ⅲ，属高脆弱区。其中，周口自然灾害的社会脆弱性最高，脆弱性指数值为 0.83；郑州、济源与三门峡自然灾害的社会脆弱性等级为Ⅰ，属低脆弱区。其中，郑州自然灾害的社会脆弱性最低，脆弱性指数值为 0.28；其他地市评价等级为Ⅱ，属中等脆弱区。进一步分析表 4-4 中各指标的得分情况，可以明确哪些因素影响本区域自然灾害的社会脆弱性，从而为区域减灾防灾规划和风险管理提供决策依据。例如，对脆弱性最高的周口而言，人均纯收入、每平方千米社区服务设施数、每万人病床数、14 岁以下人口比例、人均移动电话数是影响自然灾害社会脆弱性的主要原因（上述指标在各评价单元中得分均为最高）。此外，除女性人口比例对社会脆弱性的贡献较小，其他指标的贡献偏大。因此，降低该区社会脆弱性的有效途径是控制人口出生率、加大基础服务设施建设和提高民众收入。同理，据此评价结果可对其他地市自然灾害社会脆弱性的主要影响因素进行逐一分析，并提出可行的应对策略。

4.2.2 讨论

自然灾害社会脆弱性本身固有的抽象性和复杂性决定了其影响因素众多，加上一些影响因素数据资料的缺乏，要进行准确的量化研究有一定困难。本章通过相关分析和主成分分析从初选的 62 个指标中最终选定 11 个相互独立的评估指标来评价河南省自然灾害的社会脆弱性。该方法具有较强的数学理论基础，通过该方法确定的最终评价指标体系是否最具代表性，还有没有更为合适的指标予以替代等问题，值得深入探讨。如何根据研究区域的特点，建立健全合理的评估体系，有待于进一步研究与完善。该评价方法涉及的另一个问题就是评价指标权重的确定。不同评价指标对社会脆弱性的贡献有所差异，而权重赋值的不同又会影响评价结果。因此，如何确定合理的权重是自然灾害社会脆弱性评价乃至各种评价中亟待解决的问题之一。

本章对河南省各地区脆弱性的评价结果与实际情况基本吻合。但各地不同社会脆弱性形成的内在原因是什么，它们的形成过程和机理如何，采取什么样的具体措施能降低社会脆弱性，降低社会脆弱性的难点是什么等问题，都需要更加深入的研究。自然灾害社会脆弱性影响因素一直处于动态变化之中，且有些因素现在是高脆弱性影响因素，但随着时间的推移可能会变成低脆弱性影响因素，如 14 岁以下人口比例。因此，除研究其空间差异，还应加强其时间变异规律的研究。此外，自然灾害社会脆弱性基础理论的研究亟待加强。

4.3 本章小结

本章在文献分析和专家咨询的基础上，构建了影响自然灾害社会脆弱性的初选指标集；利用相关分析和主成分分析将诸多变量缩减到可控范围；利用层次分析法对各指标的权重进行了确定；利用所获得资料的标准化数据和确定的指标权重构建了自然灾害社会脆弱性指数；利用构建的指数对河南省各评价单元的自然灾害社会脆弱性进行了评价。研究结果如下。

（1）相关分析法和主成分分析法是一种很好的变量缩减组合方法。利用相关分析法，将最初的 62 个初选指标缩减为 28 个；利用主成分分析法进一步将 28

个指标缩减为相互独立的 11 个指标，它们分别是人均纯收入、少数民族人口比例、人口密度、每平方千米社区服务设施数、每万人病床数、女性人口比例、65 岁及以上人口比例、14 岁以下人口比例、人均移动电话数、人均私家车数和 15 岁以上文盲比例。

（2）层次分析法确定的参评指标相对权重表明，人均纯收入对脆弱性影响最大；人口密度次之；女性人口比例、65 岁及以上人口比例和 15 岁以上文盲比例影响较小；其他参评指标居中。

（3）从评价单元看，周口、商丘和驻马店社会脆弱性等级为Ⅲ，属高脆弱区；郑州、济源与三门峡自然灾害的社会脆弱性等级为Ⅰ，属低脆弱区；其他地市评价等级为Ⅱ，属中等脆弱区。

第5章　豫西山区乡村农户的洪灾社会脆弱性

自 Cutter 等（2003）提出测量环境灾害社会脆弱性的社会脆弱性指数以来，灾害社会脆弱性的研究受到越来越多学者的关注，并取得了一系列的研究成果（Garbutt et al.，2015；Noriega and Ludwig，2012；Siagian et al.，2014；Zebardast，2013）。然而，通过对现有文献的梳理发现，现有灾害社会脆弱性的研究成果多集中在国家、区域或流域尺度的案例研究上（Cutter et al.，2013；Cutter and Finch，2008；Garbutt et al.，2015；Zhou et al.，2014），在农户尺度上的研究非常少。例如，Noriega 和 Ludwig（2012）评价了美国加利福尼亚州洛杉矶县地震灾害的社会脆弱性。Siagian 等（2014）研究了印度尼西亚自然灾害的社会脆弱性，归纳出影响自然灾害社会脆弱性的 3 个主要影响因素：社会经济地位和基础设施，性别、年龄和人口增长，家庭结构。同时，他们还指出：利用 ArcView 地理信息系统绘制的社会脆弱性空间分布图，可以很容易地识别出其空间分布特征。张永领和游温娇（2014）利用 TOPSIS（technique for order preference by similarity to an ideal solution，逼近于理想值的排序）法研究了上海 18 个区县自然灾害的社会脆弱性及其区域特征，为城市自然灾害风险管理和区域综合防灾减灾提供了科学依据。方佳毅等（2015）利用改进的社会脆弱性指数，探索了中国沿海省区及地级县市社会脆弱性的空间分布及其社会经济文化驱动因素，并采用主成分分析法得到社会脆弱性的 6 个主要影响因子，即城镇化水平、经济条件、年龄与性别、民族与特需人群、居住条件与文盲、医疗水平。葛怡等（2005）对长沙市 5 区 4 县的水灾社会脆弱性进行了研究，发现 1980～2000 年长沙地区社会脆弱性基本处于下降趋势，但是在 2002 年和 2003 年增长迅速。龚艳冰等（2017）对云南省农业旱灾社会脆弱性进行了评价。在国家或区域尺度上对自然灾害社会脆弱性的研究是宏观的，其研究结果可以提供一些相对宏观而不是具有可操作性的具体的信息，它有利于政府在宏观层面上做出决策和在宏观层面上制定政策，但对当地政府或居民具体减灾策略的制定作用有限。农户尺度社会脆弱性的研究可以提供更为详细的信息。例如，每个农户社会脆弱性水平如何，是什么原因导致农户处于不同的社会脆弱性水平等。这样，每个农户根据研究结果就可以采取相应的具有可操作性的策略来降低他们的社会脆弱性，并相应地提高他们对自然灾害的抵御能力。同时，农户尺度灾害社会脆弱性的研究结果可以为政府具体措施的制定提供依据。因此，有必要对农户尺度自然灾害的社会脆弱性进行研究，它不但可拓展社会脆弱性研究的空间范围，还可以提供一个新的研究视角。此外，农村地区，特别是山区的农村，是我国遭受洪水灾害较为严重的地区（Eakin and Bojorquez-Tapia，

2008；Ghimire et al.，2010），我国还有近 6 亿人生活在农村（中华人民共和国国家统计局，2017）。因此，了解农村农户的社会脆弱性对于当地政府和农村家庭的灾害准备、灾害应对和灾害恢复都具有重要的意义。

豫西山区通常是指河南省省会郑州市以西的广大地区，主要包括洛阳、三门峡和平顶山 3 个地级市，是河南省山地和丘陵分布面积最大的地区。具体来说，洛阳的山区面积、丘陵面积、平原地区面积分别占洛阳市面积的 45.5%、40.7%、13.8%，三门峡的山区面积、丘陵面积、平原地区面积分别占三门峡市面积的 54.8%、36.0%、9.2%，平顶山的山区面积、丘陵面积、平原地区面积分别占平顶山市面积的 13.0%、63.0%、24.0%；从气候上看，豫西山区位于秦岭—淮河以北，地处亚热带和温带气候的分界线，降水量具有过渡性的特征，但降水主要集中在夏季且暴雨频发。特殊的地理环境和集中的暴雨降水使该地区极易遭受洪水的袭击。

本章的主要目的是，选择豫西山区（河南省西部山区）栾川县潭头镇洪灾多发的村庄为研究区域，识别并确定农户尺度洪灾社会脆弱性的主要影响因素；构建农户尺度下的洪灾社会脆弱性指标并评价豫西山区农户的洪灾社会脆弱性；在农户洪灾社会脆弱性评价的基础上，提出有针对性的农户洪灾社会脆弱性降低策略，以增强农户洪灾抗逆力。研究结果可为山区乡村的农户和地方政府科学有效地应对洪水灾害提供有用的信息。

5.1　数据来源与方法

5.1.1　研究区域简介

栾川县位于河南省洛阳市，地处豫西山区（111°11′～112°01′E，33°39′～34°11′N），全县总面积为 2 177 km^2。该县现辖 12 个镇 2 个乡 1 个管委会（重渡沟管委会）、213 个行政村（居委会），总人口 35 万，其中农业人口 29.9 万。潭头镇位于栾川县东北部，总面积为 277 km^2，全镇辖 26 个行政村，距县城 67 km，共有 9 008 户，233 个村民组，3.4 万人，2.5 万亩耕地，在长年的历史沉积下，形成了山多地少、地貌险峻的自然环境现状。该县属暖温带大陆性季风气候，雨热同期，光热资源丰富，水资源较充足，农林牧副业潜力很大。但春旱夏涝，降水时空分布不均，约有 60%的降水集中在汛期（6～9 月），部分地区年均降水量可达 1 370 mm（邵莲芬等，2013）。县内虽然河网密布，但河床狭窄，坡度大，河道工程行洪泄洪能力差，一遇暴雨，极易形成洪流。加上人类活动作用在自然环境上的强度越来越大，该县的整体环境愈加脆弱，洪灾、地质灾害及旱灾频繁发生，给农业生产及经济发展带来很大影响。据河南省扶贫开发工作办公室调查发现（席雪红，2012），县内年均收入在 2 300 元以下的贫困人口为 4.7 万人，贫困率高达 16%，远超河南省的 14%和全国的 10%（王生云，2013），加上县内（特别是农村）产业单一、人口老龄化及总体人口素质偏低等因素，严重影响该县防灾减灾能力。

据《栾川县志》记载，该县近几十年来几乎年年受山洪灾害的滋扰（栾川县地方史志编纂委员会，2009）。将潭头镇防洪办公室给出的历史上 3 次重大洪灾数据进行了整理（表 5-1）。从表 5-1 可以看出，该区域的主要洪水灾害类型为山洪灾害，具有受灾面积大、影响人员广、经济损失严重且极易造成人员伤亡等特点。

表 5-1　潭头镇历史山洪灾害损失情况表

时间	受灾人数/人	受灾面积/亩	死亡人数/人	房屋倒塌/间	经济损失/万元	日最大降雨量/mm	灾害类型
1953 年	4 000	2 700	5	253	113	280	山洪
1975 年	12 000	5 900	2	420	150	320	山洪
2010 年	20 000	4 000	60	800	4 650	260	山洪

以 2010 年 7 月发生的山洪灾害为例，7 月 23～24 日，全县普降大到暴雨，降雨量为 350 mm；7 月 24 日手机信号中断，道路冲垮，卢潭路路基被冲毁，汤营大桥于下午 5 时左右垮塌，在桥上的群众被冲走，死亡 60 人，失踪 6 人。据统计，全镇 26 个行政村全部受灾，受灾人口达 1.5 万余人，紧急转移安置受灾群众 2 万人次；农作物受灾面积达 4 000 余亩，绝收 2 000 余亩，倒塌房屋 800 余间；冲毁河坝 8 000 m、人畜饮水管道超 4 万 m，直接经济损失高达 4.65 亿元。栾川县山洪部分灾情照片见图 5-1。

图 5-1　栾川县山洪灾情照片

本章选取 2010 年 7 月遭受重大洪灾侵袭的河南省洛阳市栾川县作为调研区

域，结合当地政府相关工作人员的建议，选择受灾最为严重的栾川县潭头镇所辖村庄进行具体调研。考虑到潭头镇的实际情况，选取地理位置、经济水平存在一定差异的11个村庄作为具体的调研地点（图5-2）。

图5-2 研究区域河流分布和调研村庄示意图

5.1.2 指标选择和权重确定

1．选择原则

（1）科学性原则。科学性原则是指指标设置要遵循事实依据，坚持理论与实践相结合，力求简练、清晰、准确地描述客观实际的原则。对客观事实的概括描述越符合实际，指标的科学性越强。因此，在脆弱性指标设置中应抓住研究对象最重要、最有代表性的特征，体现研究对象的脆弱性。

（2）客观性原则。客观性原则是指在指标选择过程中尊重客观事实，不以人的主观意志为转移的原则。不能想当然地认为哪些指标有影响，哪些指标没有影响，应以客观事实为依据。保证指标选择的客观性，有利于提高调查的准确程度，避免个人偏见，保证测量信度；并且客观性指标更接近标准化数据，便于测量，更易进行统计分析。

（3）全面性原则。全面性原则是指研究过程中不能“盲人摸象”，要综合各个角度对研究对象进行分析的原则。在指标选择过程中，同样要从各个角度全面筛选影响洪灾脆弱性的因素，指标设计得越全面，洪灾脆弱性诊断就越准确。缺乏全面性的研究就无法了解事物的本质。因此，要多方面综合考量，力求达到指标设计的全面性和准确性。

（4）独立性原则。独立性原则是指在指标选择过程中应尽量避免指标在概念、属性及外延上的重复和相关性，选择有独立性、代表性和影响较大的指标。

为避免重复，可以按照脆弱性的概念将指标按照不同属性和作用进行区分或分层概括。

（5）同向性原则。同向性原则是指选择的指标在用于描述时，指标数值的大小和脆弱性的大小应该是同一方向的，即指标数值越大，脆弱性越大。一般来说，在具体实践过程中指标由逆向指标和同向指标组成，为避免不同项指标在评价过程中因方向不同相互抵消的现象，尽量将指标设置为同向，如果无法避免，则需采用标准化的方式将其转换为同向指标进行评价。

（6）可行性和数据可得性原则。可行性和数据可得性原则是指选择的指标在现有的条件设施下能够实际运作，并且所需数据可顺利获取。再重要的指标，无法获取数据，无法运作，对于研究也是无意义的。此外，在指标选择过程中要注意指标的数量，过于细致的指标会造成指标冗杂，降低可行性。因此，我们应基于研究目的，选择合适的且能达到研究目的的指标，避免选择无法运作的指标，删除影响微弱的指标，保留核心指标，保证指标体系的可行性。

2．选择依据与流程

本章指标选择的依据主要包括：①前人的研究结果；②当地居民和不同领域专家的意见；③当地的实际情况。具体流程是，首先，查阅国内外社会脆弱性的研究文献（Cutter et al.，2003；Linnekamp et al.，2011；Werg et al.，2013），对所涉及的指标进行综合、梳理与筛选；其次，通过与 30 位当地有经验的居民和 20 位具有水文、地理、社会和风险管理等知识的专家进行讨论，确定指标的适宜性；最后，结合当地实际情况，对当地特有的指标进行补充。例如，通过实地调研发现，与以往研究相比较，当地常年外出打工人员较多，且多为家庭中的青壮年等劳动力，这造成了一个农户家中多为老人和儿童留守，该现状严重增加了乡村农户的洪灾社会脆弱性。因此，将这一因素纳入指标体系（Liu and Li，2016）。

3．指标权重的确定

权重是某指标在整体评价中的相对重要程度（郭显光，1998），权重越大，指标重要性越高，对整体的影响就越大。各指标的重要性程度对最终脆弱性评价结果有很大影响。因此，指标权重的分配是洪灾社会脆弱性评价的关键。一般来说，指标权重应满足两个条件：一是每个指标的权重在 0 和 1 之间；二是所有指标的权重和为 1。权重的确定方法有很多，学者一般选取主观赋权法（刘求实和沈红，1997；王良健，2000）和客观赋权法（薛东辉和窦贻俭，1998）。主观赋权法是一类根据评价者主观上对各指标的重视程度来决定权重的方法，其应用比较广泛且较为成熟，但客观性较差。而客观赋权法所依据的赋权原始信息来源于客观环境，它根据各指标的联系程度或各指标所提供的信息量来决定指标的权重，不依赖于人的主观判断，此类方法客观性较强，但有时可能与实际情况相违背。因此，本章采用主成分分析和专家打分相结合的方法来确定各指标在乡村农户洪灾社会脆弱性评价中的相对重要性——权重（Qu，2012）。用主成分分析法确定权重的原理、步骤和优点的详细描述可参考 Qu（2012）的研究文献，权重具体确定流程见附录 1。

基于上述原则、依据、流程与方法，识别并确定出 8 个影响农户尺度洪灾社会脆弱性的关键指标，其权重、定义、测量方法和基本假设见表 5-2。表 5-2 显示，常年外出人员打工比例所占权重最大，为 0.17；抚养比所占权重最小，为 0.09；其他指标所占权重在 0.10～0.14。

表 5-2　农户尺度洪灾社会脆弱性测量指标、权重、定义、测量方法和基本假设

指标	权重	定义	测量方法	基本假设
家庭规模	0.13	家户中的总人数	家户中的总人数	家庭规模越大，暴露在洪灾风险中的人数越多，洪灾社会脆弱性越高
抚养比	0.09	家庭中小于 18 岁和大于 65 岁的人数之和与 19～64 岁人数的比值	（抚养人数/19～64 岁人数）×100%	抚养比越高，灾害来临时需要照顾的人也就越多。因此，洪灾社会脆弱性越高
15 岁以上文盲率	0.12	15 岁以上文盲与家庭规模的比值	（15 岁以上文盲人数/家庭规模）×100%	15 岁以上文盲率越高，获取灾害信息与资源的能力越差，洪灾社会脆弱性越高
常年外出打工人员比例	0.17	家庭中常年外出打工的人数与家庭规模的比值	（常年外出打工人数/家庭规模）×100%	常年外出打工人员越多，家里留守需要照顾的人越多，洪灾社会脆弱性越高
人均家庭可支配收入	0.14	家庭总收入与家庭规模的比值	家庭总收入/家庭规模	人均家庭可支配收入越高，财富积累越多，获取洪灾信息和资源的能力越强，洪灾社会脆弱性越低
洪灾相关信息获取能力	0.12	主要指洪灾相关信息的接收能力	信息接收工具的种类，包括电话、手机、电视和网络	洪灾信息接收的工具越多，越容易接收到相关信息，洪灾社会脆弱性越低
人均交通工具	0.10	家庭总人数与家中交通工具的比例	家庭规模/交通工具的数量	人均交通工具越多，洪灾来临时快速转移逃生的能力越强，洪灾社会脆弱性越低
洪灾相关的培训	0.14	近 5 年参加洪灾培训的次数	没参加过=0；参加过 1 次=0.5；参加过 2 次及以上=1	洪灾相关的知识、态度和行为可通过培训提高，参加的培训次数越多，洪灾应对能力越强，洪灾社会脆弱性越低

5.1.3　数据来源与处理

1．数据来源

研究区域各方面的资料获取对于研究的准确度至关重要，如调研地点类型的选择、问卷发放点数量、问卷发放数量及工作计划安排等。前期从当地政府相关职能部门获取了研究区域（乡镇和村）的经济资料、人口数据、抗险救灾资料和历史洪灾统计数据等，但是这些资料尚不足以深入了解农村家庭具体的家庭规模、经济情况、个人特征、洪灾知识和防灾减灾意识与技能的掌握程度及恢复重建能力等重要资料。因此，选取了入户问卷调查的方式对研究区域进行实地考察，以期有效获取更为标准和系统的可统计数据。

2．问卷设计

调查所用的问卷是以农户洪灾脆弱性指标体系为依托，将过于学术化的指标转化为一般居民能理解的问卷形式。例如，你们家有几口人？18岁以下的有多少人？65岁以上的老人有多少？15岁以上的是否有没上过小学的？你们家都有哪些人常年在外打工？一年收入多少？你们都有手机吗？家里经常看电视吗？有没有上网的习惯？家里有汽车、摩托车吗？政府是不是经常组织培训？培训的时候你们去参加吗？参加过几次？等等。通过这些通俗易懂的问题，根据表5-2中每个指标的测量方法，计算出每个指标的具体得分情况。

3．样本容量的确定

团队调研组于2014年4月10～15日在栾川县潭头镇进行资料收集、入户问卷调查与访谈。通过对前期资料的整理发现，在2010年的洪灾中，潭头镇26个村庄全部受到或大或小的影响。以受灾害侵袭的严重程度为标准，选取了地理位置和经济发展水平各异的11个村庄为具体调研地点，分别为古城村、石门村、潭头村、蛮营村、垢峪村、何村、胡家村、西坡村、张家村、纸房村、赵庄村，这11个村庄共有1 650户农户。由于所选研究区域样本量过大，村庄之间距离较远，村民居住又较分散，受到人力、物力和时间等主客观原因的限制，本次调查并未完全符合随机抽样和概率抽样的要求，而是在当地政府工作人员的建议范围内，采用了随机抽样调查的方法。

为了确定合适的样本容量，在对样本容量确定方法研究的基础上，采用简单常用的Yamane方程（Liu et al.，2017）。该方程为

$$n=\frac{N}{1+Ne^2} \tag{5-1}$$

式中，n为样本容量；N为研究区域总的家庭数；e为可接受随机抽样误差。本章中的e取0.1，根据式（5-1）可计算出样本容量为98。值得一提的是，有的学者如Saqib等（2016）的研究中e取0.07来确定样本容量。本章中除少数样本是根据当地政府部门工作人员的建议确定，其余样本采用随机抽样方法确定。

4．问卷调查与回收

问卷设计完成和样本容量确定后，采用入户问卷调查与访谈的方式，共发放问卷 100 份，并将问卷当场全部回收。经分析，其中有效问卷为 94 份，回收率和有效问卷率分别为 100%和 94%，首先保证了调查的质量和数量。为了保证问卷数据的可靠性，在调研前对调研人员进行了适当（包括问卷详细说明和问卷调查技巧等方面）的筛选与培训。这一工作在调研过程中起到了重要作用。调研开始时发现，当地村民文化程度偏低，家中多为留守老人及儿童，文盲比例较大，给问卷调查工作带来了极大的不便。因此，为了使调研顺利进行，将问卷调查与访谈结合起来，由调研人员按照问卷内容对受访居民进行一对一提问，将被调查者的答案代填入问卷中，同时就相关问题进行了更为深入的交流与访谈。这种问卷结合访谈的模式更大程度上保证了所需数据的准确性与科学性，获得了宝贵的一手资料。为了能最大限度地了解洪灾前家庭的经济水平和房屋结构及抗灾性能、灾害后家庭的灾情和恢复重建水平，尽可能选择户主或文化水平较高的家庭成员填写问卷，并且为了保证问卷的真实性和后期资料的可获取性，所有问卷都是实名作答，留下了问卷填写人或被调查者的联系方式，还与部分家庭的户主进行了更深入的访谈。最后，对农户的入户调研是在农户自然状态下进行的，问卷及访谈所涉及的变量均为客观变量，较少受被调查者的主观判断和价值倾向影响，进一步保证了调查的可靠性和真实性。问卷所获得的标准化数据见附表 1-1。

5．数据处理

数据处理方法和过程与 4.1.3 小节相同。即对各指标进行标准化处理以得到相对统一的量纲；将对社会脆弱性的贡献为负效应的指标进行相应的转化。

6．问卷信度分析

调研结束后，将所有问卷结果进行标准化处理，并输入 Excel 制成数据表。数据整理完成后，为确保问卷的有效性和可靠性，对问卷做信度分析。信度是检验测量工具本身的稳定性和可靠性程度的指标（吴琼，2008；宗晓武，2012）。常用的衡量信度的方法有平行信度测定法、重测信度法、分半信度法、Cronbach's α 系数法等。其中，Cronbach's α 系数是目前最常用的信度系数，该系数是 Cronbach 于 1951 年提出的，具有成本低、效率高、操作简单等优点。其计算公式为

$$\alpha=\frac{n}{n-1}\left(1-\frac{\sum S_i^2}{S_x^2}\right) \tag{5-2}$$

式中，α 为问卷的信度；n 为问卷数量；S_i^2 为每一题目得分的方差；S_x^2 为问卷总

分的方差。可见，每个问题的得分方差越小，则变异性越小，Cronbach's α 系数越高，问卷的信度就越高。

通常，Cronbach's α 系数的值在 0 和 1 之间。如果 α 不超过 0.6，一般认为内部一致信度不足；α 达到 0.7～0.8 时表示量表具有相当的信度；α 达 0.8～0.9 时说明量表信度非常好。也有学者认为，α 的可接受范围在 0.5 和 1 之间。本章采用 IBM SPSS Statistics 22 软件对调查样本的信度进行计算，获得的 Cronbach's α 系数值为 0.677，说明本问卷调查结果具有一定的可信度，可用于相关的分析（West et al.，2010）。

5.1.4　农户尺度社会脆弱性指数

目前，自然灾害社会脆弱性的评估方法主要有基于历史灾害数据的评估方法、基于情景的评估方法、基于 GIS 的评估方法和基于指数的评估方法（Li et al.，2008）。每种评估方法都有其优缺点。

（1）基于历史灾害数据的评估方法是利用建立的灾害数据库构建一定的指标，并对灾害风险进行评估。例如，灾害风险指数（disaster risk index，DRI）可以基于 EM-DAT 数据库获得，该指数可以利用死亡人数和遭受灾害的人数的比率来显示灾难中的人口损失风险。该方法具有数据方便、计算简单、结果准确等优点，但仅适用于全球或国家尺度等宏观空间尺度，难以应用于社区、家庭等小空间尺度。

（2）基于情景的评估方法主要是基于不同的灾害类型构建不同的灾害情景，然后借助一些模型和数值模拟软件来展示灾害演化过程和易发地区的脆弱性。该方法的优点是可以更直观地显示过程和结果，缺点是计算过程复杂，需要计算机编程和丰富的数学知识。

（3）基于 GIS 的评估方法的步骤：①获取数据；②将数据放入 GIS 软件；③运用 GIS 软件的叠加和空间分析功能；④对结果进行计算和绘图。该方法的优点是可以以地图的形式清晰地显示结果，但该方法要求所有的数据都必须是空间数据，或者可以转换成空间数据。

（4）基于指数的评估方法虽然存在诸如研究视角不同、指标选择不一、权重确定方法多样等问题，但该方法不但能有效地揭示不同尺度下自然灾害的时空格局及不同尺度下灾害社会脆弱性的演变，而且能使不同区域间的评价结果因使用相同的评价指标体系而具有可比性（Cutter et al.，2003；Garbutt and Fujiyama，2015）。因此，本章采用基于指数的评估方法来研究豫西山区乡村农户尺度的洪灾社会脆弱性。

洪灾社会脆弱性指数构建具体包括确定评价尺度、选择指标、收集和整理数据、确定权重、确定指数 5 个步骤。经过上述 5 个步骤构建的农户尺度洪灾社会脆弱性指数为

$$\mathrm{HSVI}=\sum_{i=1}^{n} x_i w_i \tag{5-3}$$

式中，HSVI 为农户社会脆弱性指数；x_i 和 w_i 分别为第 i 个样本的标准化数据和权重。

5.2 结果与讨论

5.2.1 研究结果

首先，利用式（4-2）和式（4-3）将根据所选评价指标（表 5-2）收集的调研数据转化为在 0 和 1 之间的标准化数据；其次，利用式（5-3）计算每个调查样本的洪灾社会脆弱性指数值；最后，根据样本洪灾社会脆弱性指数的平均值、最大值、最小值和标准差，将其划分为低社会脆弱性、中社会脆弱性、高社会脆弱性 3 种不同的脆弱性等级。如果样本的社会脆弱性得分高于平均值和一个标准差的和，则其属于高社会脆弱性；如果样本的社会脆弱性得分低于平均值和一个标准差的差，则其属于低社会脆弱性；其余样本的社会脆弱性属于中社会脆弱性。本章样本社会脆弱性的标准差、平均值、最小值和最大值分别为 0.11、0.59、0.21 和 0.87。因此，农户洪灾社会脆弱性的低社会脆弱性、中社会脆弱性和高社会脆弱性的范围分别为[0.21, 0.48)，[0.48, 0.70]和（0.70, 0.87]。

研究结果显示，①所调查的 94 个样本中，处于高社会脆弱性、中社会脆弱性和低社会脆弱性等级的农户分别为 14 户、64 户和 16 户，分别占到总调查农户样本数的 14.9%、68.1%和 17.0%（附表 1-1）；②以村为单位，从样本的空间分布来看（图 5-3），有 3 个村属于高社会脆弱性区域，分别是蛮营村、石门村和赵庄村；③表 5-3 显示，同洪灾低社会脆弱性农户相比，常年外出打工人员比例、灾害相关的培训和 15 岁以上文盲率对中社会脆弱性、高社会脆弱性具有更大的影响，高社会脆弱性与低社会脆弱性的比例分别为 5.62、4.34 和 3.34，中社会脆弱性与低社会脆弱性的比例分别为 3.54、2.95 和 2.58。灾害相关信息获取能力和人均家庭可支配收入对农户的洪灾社会脆弱性影响最小，家庭规模和人均交通工具数量影响一般（附表 1-1）；④调查样本的社会脆弱性得分和在 2010 年 7 月的暴雨洪灾中实际损失的相关系数为 0.748，在 0.05 水平显著，说明本章利用洪灾社会脆弱性指数的评价与实际情况基本吻合。

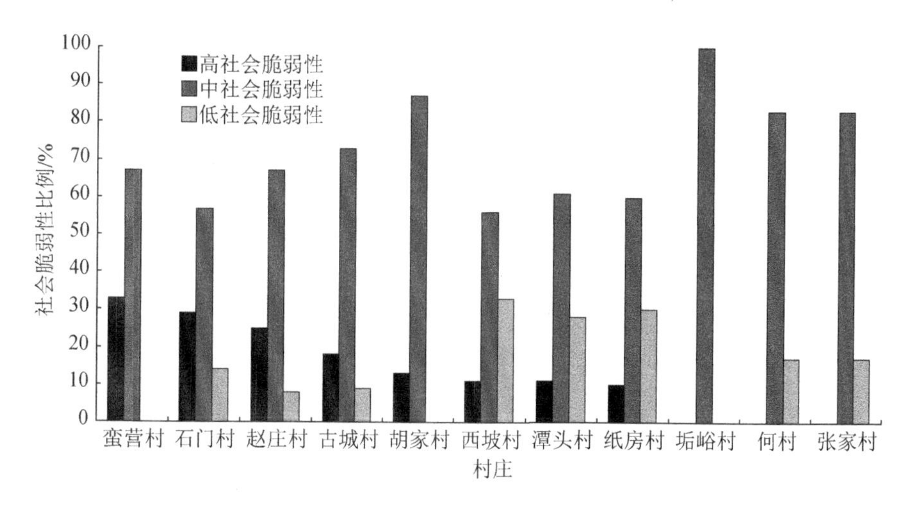

图 5-3　农户洪灾社会脆弱性的空间分布

表 5-3　调查农户低社会脆弱性洪灾、中社会脆弱性洪灾、高社会脆弱性洪灾的平均得分

指标	低社会脆弱性洪灾	中社会脆弱性洪灾	高社会脆弱性洪灾	Ms/Ls	Hs/Ls
常年外出打工人员比例	2.03	7.19	11.4	3.54	5.62
洪灾相关的培训	2.19	6.45	9.5	2.95	4.34
15 岁以上文盲率	2.00	5.14	6.66	2.58	3.34
家庭规模	6.26	8.31	11.03	1.33	1.76
人均交通工具	5.68	7.62	8.61	1.34	1.52
抚养比	1.97	2.14	2.78	1.08	1.41
洪灾相关信息获取能力	9.83	11.02	11.64	1.12	1.18
人均家庭可支配收入	11.23	12.48	12.99	1.11	1.16

注：Ms/Ls 为中社会脆弱性平均得分与低社会脆弱性平均得分的比值；Hs/Ls 为高社会脆弱性平均得分与低社会脆弱性平均得分的比值。

5.2.2　讨论

1．基于指数的评估方法的关键问题

基于指数的评估方法是目前应用较广泛的评价方法之一（Cutter et al.，2003；Cutter and Finch，2008；Garbutt and Fujiyama，2015）。但在使用该方法之前，必须考虑 3 个问题，即指标体系、指标权重和指标有效性。

（1）影响家庭洪灾社会脆弱性的因素很多。一方面，如果只有少数几个指标，很难描述家庭洪灾社会脆弱性的特征；另一方面，如果选择和使用过多的指标，就存在数据难以获取、计算复杂、可操作性差等问题（Cutter et al.，2003；Murphy and Scott，2014）。使选定的指标处于可管理的水平是应用指数法进行评价的一个重要内容，主成分分析法是将指标进行降维处理的好方法（Liu et al.，2013）。例如，Cutter 和 Finch（2008）采用主成分分析方法将 42 个社会脆弱性变量降至 11 个独立指标，并利用该指标体系研究了社会脆弱性在时间和空间上的变化规律。本章利用文献分析法、专家咨询法和参与式问卷调查法确定了家庭洪灾社会脆弱性的 8 个主要影响因素（表 5-2），8 个指标属于一个可控范围，且容易进行量化和计算处理。

（2）在基于指数的评估方法中，指标权重对评估结果的准确性、可靠性和有效性至关重要。目前，关于权重的确定方法有很多，根据计算权重时原始数据的来源不同，可以将这些方法分为 3 类。第一类是主观赋权法，如德尔菲法和专家评分法；第二类是客观赋权法，如主成分分析法和熵值法等；第三类是主客观综合集成赋权法，如基于加法或乘法合成归一化的综合集成赋权法、基于离差平方和的综合集成赋权法、基于博弈论的综合集成赋权法、基于目标最优化的综合集成赋权法等（刘秋艳和吴新年，2017）。每种赋权方法都有其优缺点，相应的适用范围也存在较大的差异，且对评价结果产生影响（Wang et al.，2012）。因此，如何确定指标权重是基于指数的评估方法中需要重视和亟须解决的重要问题。

（3）评价体系的有效性问题。将评价结果与灾后实际情况进行比较，是检验评价指标有效性及其权重合理性的一个可行方法。本章计算了 2010 年 7 月暴雨洪水中家庭社会脆弱性与家庭伤亡之间的相关系数。结果表明，相关系数（0.748）在 0.05 水平显著，表明所选取的社会脆弱性指标及其权重是有效的。

2．降低农户的洪灾社会脆弱性的方法

关于如何降低社会脆弱性的研究有很多，但主要集中在国家、地区和流域的尺度上。例如，Siagian 等（2014）在分析印度尼西亚自然灾害社会脆弱性影响驱动因素的基础上，发现将社会脆弱性区划图集成到早期预警系统中是降低社会脆弱性的一个好方法。Chen 等（2013）提出了降低长江三角洲地区社会脆弱性的建议，如减少社会资源的不平等配置、提高社会资源利用率等。然而，关于农户层面灾害社会脆弱性的研究并不多见，尤其在洪灾社会脆弱性方面。本章将根据实际的评估结果讨论并提出降低家庭洪灾社会脆弱性的具体策略和建议（表 5-3）。首先，应尽快降低常年外出打工人员比例，因为这是造成豫西山区农户洪灾脆弱性高的最主要因素。调查显示，在 94 户家庭中，因本地就业机会有限而长期在其他地方工作的人数为 141 人，分别占总人口的 27.2%（总人口 519 人）、占 18～64 岁人口的 52.4%、占 18～49 岁人口的 82.5%。为了解决这一问题，对当地居民为什么常年在外打工，而不在家工作的深层次原因进行了访谈。经过深入了解发现，当地居民常年外出打工的主要原因是农业成本高、农产品价格低、家庭收入低。此外，气候条件的变化，使这些地区的农业收入得不到保障；很少有公司或工厂为当地居民提供工作机会也是常年外出打工人员比例高的重要原因。因此，降低社会脆弱性要通过建立农业保险，增加就业机会，保障当地居民的收入，降低常年外出打工人员比例；要通过灾害实训，提高当地居民的灾害相关知识水平和疏散技能。在实地调查中，发现了一些意想不到的现象。例如，有 64.2%的被调查者认为该地区没有发生洪水，而在过去 50 年间实际发生过 3 次较大的洪水灾害。另外，只有 23.2%的被调查者定期接受过洪灾相关的培训。因此，当地政府应定期举办一些洪水灾害相关的培训，以提高当地居民的洪水灾害相关知识和疏散技能。最后，应提高当地居民的文化水平，因为文化水平影响着人们对灾害知识的掌握、应对态度和应急疏散行为。从社区或政府的角度来看，以下措施可以有效降低洪灾社会脆弱性，降低洪水灾害影响的程度：①根据洪涝灾害风险评估结果，编制防洪减灾方案；②提高灾害监测预警系统的准确性；③建立专门的应急管理部门和综合救援体系；④编制应急预案，进行应急演练和培训。

5.3　本 章 小 结

为深入理解农户尺度的洪灾社会脆弱性，本章以豫西山区遭受过洪水灾害的 11 个村庄为例，构建了农户尺度洪灾脆弱性指数，并运用该指数对所选的 11 个村庄的农户洪灾社会脆弱性进行了评估。根据评估结果，提出了降低家庭洪灾社会脆弱性的一些具体策略与建议。具体研究结果与结论如下。

（1）通过对相关文献的梳理，结合当地居民和不同领域专家的意见，在考虑当地的实际情况的基础上，选择了影响农户洪灾社会脆弱性的 8 个关键因素，分别为家庭规模、抚养比、15 岁以上文盲率、常年外出打工人员比例、人均家庭可支配收入、洪灾相关信息获取能力、人均交通工具、洪灾相关的培训。

（2）研究结果发现，调研样本中，高社会脆弱性、中社会脆弱性、低社会脆弱性家庭分别为 14 户、64 户和 16 户，分别占调研样本总数的 14.9%、68.1%和 17%；农户洪灾社会脆弱性评分与实际伤亡率的相关系数（0.748）在 0.05 水平显著，表明所选取的洪灾社会脆弱性指标及其权重是有效的。

（3）常年外出打工人员比例、洪灾相关的培训和 15 岁以上文盲率是导致农户洪灾高脆弱性的主要因素；洪灾相关信息获取能力和人均家庭可支配收入对农户洪灾社会脆弱性的影响小；而家庭规模和人均交通工具对农户洪灾社会脆弱性的影响居中。

（4）降低常年外出打工人员比例、增强当地居民的灾害相关知识和疏散技能、提高当地居民文化水平，是降低农户洪灾社会脆弱性，提高其抗逆力最有效、最直接的手段。

第6章　豫西山区乡村农户的洪灾风险感知

灾害风险感知是承灾个体在接收到客观的风险信息后，经由社会经验、文化背景和人格特征的过滤与加工，最终在大脑中形成的主观反映。灾害风险感知通过影响承灾体在灾害扰动下的敏感程度、适应状况和应对能力，成为抵御灾害极为有效的因素，对改变承灾体脆弱性具有重要意义。从个体角度来讲，灾害风险感知能力较高的个体，能更快地发现灾害的到来，迅速采取应对措施以降低灾害影响，其脆弱性较低、抗逆力较强。可以说灾害风险感知能力对受灾个体发挥主观能动性、积极抵御灾害、适应环境变化的能力具有决定性作用（李景宜等，2002；刘利等，2011；吕君等，2009）。从政府角度来讲，民众对灾害的感知状况、应对态度和应对能力等在一定程度上影响着政府适应性政策与减灾规划的制定和实施。因此，公众的灾害风险感知在现代风险、安全与应急管理中具有至关重要的作用，它不仅影响公众的态度和行为决策，而且影响政府减灾战略的制定和实施（Kellens et al.，2011）。例如，Stoutenborough 等（2013）在研究美国公众对核能计划的支持情况时发现，认为核能有更大不可控风险的人支持这项政策的比例较低；Taylor 等（2012）的研究发现，公众对核能风险的认知程度对美国核项目的建设起到了关键作用。Niles 等（2013）发现，气候变化的风险感知显著影响农民对气候政策的接受和参与程度。Brewer 等（2004）研究了风险感知与保护行动之间的关系，发现个人的风险感知对其所采取的保护行为有影响，当人们采取有效行动时，他们的风险感知会降低。Burnside 等（2007）研究了风险感知对美国新奥尔良居民飓风疏散决策的影响，发现那些认为飓风风险较大的人更有可能撤离。很多学者发现，具有高洪水灾害风险感知的人比具有低洪水灾害风险感知的人更可能采取洪水灾害风险降低措施（Becker et al.，2014；Ge et al.，2011；Raaijmakers et al.，2008）。因此，研究公众洪水灾害的风险感知，并使其得到提升已成为洪水风险管理中日益重要的问题。但我国对洪水灾害风险感知的研究很少，特别是对农户洪水灾害风险感知影响因素的研究更少。

对风险感知的研究源于对公众和专家不同风险看法的观察。20 世纪 60 年代初，核能的使用遭到公众的反对，尽管专家普遍宣称核能是多么安全（Douglas，1986）。Starr 于 1969 年发表在《科学》上的 *Social Benefit Versus Technological Risk*，被认为是早期关于风险感知研究的重要论文，采用揭示偏好的方法研究公众对风险的可接受性，这使风险感知的研究受到越来越多学者的关注（Adelekan and Asiyanbi，2016；Armas et al.，2015；Kellens et al.，2013；O'Neill et al.，2015；Qasim et al.，2015）。目前，有两种方法在风险感知的研究中得到了广泛的应用

（Qasim et al.，2015）：一种是由 Fischhoff（1978）和 Slovic（1987）提出的心理测量方法；另一种是由 Douglas（1986）提出的文化理论方法。前者是基于实证研究的传统，后者则认为风险是一种社会建构（Buchecker et al.，2013；Qasim et al.，2015；Sjöberg，2000）。关于风险感知研究的文献虽然很多，但是关于洪灾风险感知，尤其是洪灾风险感知的评估，却没有形成统一的观点。Kellens 等（2013）分析了 57 篇与洪灾风险感知相关的论文，发现大多数研究者使用不同类型的问题或项目来测量洪灾风险感知的不同方面，并进一步总结了测量洪灾风险感知的 5 个常用的变量或项目。关于洪灾风险感知影响因素的研究也没有形成统一的观点。例如，Adelekan 和 Asiyanbi（2016）研究了尼日利亚（非洲中西部国家）拉各斯受洪水影响的社区居民的洪水风险感知与社会人口特征之间的关系，发现年龄对洪水风险感知有重要影响。Qasim 等（2015）研究了巴基斯坦（南亚国家）公众的洪灾风险感知，发现房屋所有权、教育程度、距离水源的远近及过去的洪水经验是洪灾风险感知的主要影响因素。Kellens 等（2011）识别了影响比利时海岸公众洪水感知的 12 个变量，发现洪水风险感知主要受实际洪水风险估计、性别、年龄和洪水经历的影响。Armas 等（2015）探讨了与各种经济措施和社会人口变量有关的洪水风险感知。Kellens 等（2013）发现，洪水风险感知中常用的影响因素包括知识、信任、保护责任、身体暴露、以往经历和社会人口统计（如年龄、性别、文化程度、收入和房屋所有权）。Bosschaart 等（2013）分析了知识在荷兰 15 岁学生洪水风险感知中的作用。由上述文献可知，关于风险感知影响因素的研究已成为研究的一个热点，但到目前为止，还没有形成统一的体系。

本章的主要目的是，选择豫西山区栾川县潭头镇洪灾多发的村庄为研究区域，设计农户洪灾风险感知量表，评价并分析农户洪灾风险感知现状；识别农户洪灾风险感知影响因素并分析各影响因素对农户洪灾风险感知的影响；以期为农户尺度的风险感知能力的提升提供依据。

6.1　数据来源与方法

6.1.1　问卷设计

根据现有文献、当地实际情况，以及与专家和当地居民的讨论，设计了洪灾风险感知的测量问卷及其影响因素，该问卷包含 4 个测量农户洪灾风险感知的评价指标（表 6-1）和 8 个农户洪灾风险感知的影响因素（表 6-2）。这 4 个指标的得分情况采用了李克特三点量表，如“一点都不害怕”得 1 分，“一般害怕”得 2 分和“非常害怕”得 3 分。Jacoby 和 Matell（1971）研究发现，当使用李克特量表时，李克特三点量表就可以满足需要。选择的 8 个风险感知影响因素分别为性别、年龄、受教育程度、年收入、家庭规模、有无儿童、距离河流的远近和洪水经历。为研究影响因素对农户洪灾风险感知的影响，根据农户的不同特点，将各影响因素进行了细分（表 6-2）。

表 6-1 农户洪灾风险感知的评价指标

指标	问题	资料来源
意识	你意识到你的村庄位于洪水多发地区吗	Adelekan 和 Asiyanbi（2016）；Bosschaart 等（2013）；Ho 等（2008）；Kellens 等（2013）；Pagneux 等（2011）；Raaijmakers 等（2008）；Salvati 等（2014）
可能性	在未来十年内发生洪水的可能性有多大	Kellens 等（2011）；Kellens 等（2013）；Botzen 等（2009）；Ho 等（2008）
影响	如果发生洪水，你和你的家人会受到多大程度的影响	Kellens 等（2011）；Kellens 等（2013）；Bosschaart 等（2013）；Ho 等（2008）；Adelekan 和 Asiyanbi（2016）；Armas 等（2015）；Salvati 等（2014）
恐惧	如果洪水发生，你的害怕程度如何	Kellens 等（2011）；Kellens 等（2013）；Bosschaart 等（2013）；Ho 等（2008）；Adelekan 和 Asiyanbi（2016）；Armas 等（2015）；Salvati 等（2014）；Pagneux 等（2011）；Raaijmakers 等（2008）

表 6-2 农户洪灾风险感知的影响因素

影响因素	变量分类	资料来源
性别	男，女	Adelekan 和 Asiyanbi（2016）；Kellens 等（2011）；Pagneux 等（2011）；Raska（2015）；Trumbo 等（2014）
年龄	小于 18 岁，18～44 岁，45～59 岁，60 岁以上	Adelekan 和 Asiyanbi（2016）；Kellens 等（2011）；Pagneux 等（2011）；Qasim 等（2015）；Trumbo 等（2014）
受教育程度	文盲，小学或初中，高中及其以上	Adelekan 和 Asiyanbi（2016）；Kellens 等（2011）；Pagneux 等（2011）；Qasim 等（2015）；Trumbo 等（2014）
年收入	低于 20 000 元，高于 50 000 元，20 000～50 000 元	Adelekan 和 Asiyanbi（2016）；Qasim 等（2015）；Armas 等（2015）
家庭规模	不超过 4 人，5 人，6 人，7 人及以上	Kellens 等（2011）；Poussin 等（2014）；Qasim 等（2015）
有无儿童	家中有 12 岁以下儿童，家中无 12 岁以下儿童	Heath 等（2001）；Kellens 等（2011）；Liu 等（2017）；Peacock 等（2005）
距离河流的远近	距离干流较近，距离支流较近，距离河流较远	Kellens 等（2011）；Poussin 等（2014）；Qasim 等（2015）；Raska（2015）；Pagneux 等（2011）
洪水经历	没有经历过洪水，经历过洪水	Kellens 等（2011）；Lawrence 等（2014）；Qasim 等（2015）；Raska（2015）；Pagneux 等（2011）；Trumbo 等（2014）

6.1.2 风险感知指数

构建一个农户洪灾风险感知指数（household risk perception index，HRPI），用于评估农户对洪水灾害的风险感知。HRPI 可以用式（6-1）表述为

$$\mathrm{HRPI}=\sum_{i=1}^{n}s_i w_i \tag{6-1}$$

式中，s_i 和 w_i 分别为第 i 个指标的得分值和权重；HRPI 为农户尺度的洪灾风险感知指数。HRPI 是每个农户洪灾风险感知的相对指标，HRPI 值越高，洪灾风险感知水平越高。在这里，因为没有证据表明某个指标的重要性高于另一个指标，所以每个评估指标都被认为对农户洪灾风险感知有相同的贡献（Cutter et al.，2003）。

另外，研究区域、调研过程和样本选择的详细情况见 5.1 节。

6.2 结果分析

6.2.1 农户洪灾风险感知评价

采用加和模型式（6-1）和调研数据计算每个农户的洪灾风险感知得分（表 6-3），然后根据风险感知得分的均值和标准差，确定每个农户洪灾风险感知所处的等级。具体来说，如果风险感知得分高于平均值和 1 个标准差的和，则该农户处于高风险感知区域；如果风险感知得分低于平均值和 1 个标准差的差，则该农户处于低风险感知区域；其他的处于中风险感知区域（Liu and Li，2016）。本章农户洪灾风险感知得分的标准差、平均值、最小值和最大值分别为 1.39、7.96、5 和 11。因此，农户低洪灾风险感知、中洪灾风险感知、高洪灾风险感知等级划分的数值范围分别为[5, 6.57)、[6.57, 9.35]和（9.35, 11]。

表 6-3　农户的洪灾风险感知得分

序号	意识	可能性	影响	恐惧	洪灾风险感知	洪灾风险感知等级	序号	意识	可能性	影响	恐惧	洪灾风险感知	洪灾风险感知等级
1	2	3	3	3	11	高	13	2	3	2	3	10	高
2	3	2	3	3	11	高	14	1	2	2	1	6	低
3	1	3	3	3	10	高	15	1	3	1	1	6	低
4	3	3	2	2	10	高	16	1	2	1	2	6	低
5	3	3	2	2	10	高	17	1	1	1	3	6	低
6	2	3	3	2	10	高	18	1	3	1	1	6	低
7	3	3	3	1	10	高	19	1	2	1	2	6	低
8	3	2	2	3	10	高	20	1	1	1	3	6	低
9	2	3	3	2	10	高	21	1	2	1	1	5	低
10	1	3	3	3	10	高	22	1	1	1	2	5	低
11	1	3	3	3	10	高	23	2	1	1	1	5	低
12	3	3	1	3	10	高	24	1	1	1	2	5	低

续表

序号	意识	可能性	影响	恐惧	洪灾风险感知	洪灾风险感知等级	序号	意识	可能性	影响	恐惧	洪灾风险感知	洪灾风险感知等级
25	1	1	1	2	5	低	61	1	3	1	3	8	中
26	1	3	2	3	9	中	62	1	1	3	3	8	中
27	1	3	2	3	9	中	63	2	3	2	1	8	中
28	1	3	2	3	9	中	64	3	3	1	1	8	中
29	1	3	3	2	9	中	65	3	1	1	3	8	中
30	3	2	1	3	9	中	66	1	3	1	3	8	中
31	3	1	3	2	9	中	67	1	3	2	2	8	中
32	3	3	1	2	9	中	68	1	3	2	2	8	中
33	1	3	2	3	9	中	69	2	1	2	3	8	中
34	1	3	2	3	9	中	70	1	2	2	3	8	中
35	1	3	3	2	9	中	71	1	3	1	2	7	中
36	3	1	2	3	9	中	72	1	2	1	3	7	中
37	1	3	2	3	9	中	73	2	3	1	1	7	中
38	1	3	3	2	9	中	74	1	3	2	1	7	中
39	3	2	1	3	9	中	75	1	3	1	2	7	中
40	2	3	1	3	9	中	76	1	3	1	2	7	中
41	1	3	2	3	9	中	77	1	2	2	2	7	中
42	1	3	2	3	9	中	78	1	3	1	2	7	中
43	1	2	3	3	9	中	79	1	3	1	2	7	中
44	1	3	2	3	9	中	80	1	3	2	1	7	中
45	3	1	3	2	9	中	81	1	2	2	2	7	中
46	2	2	3	2	9	中	82	2	2	1	2	7	中
47	2	3	1	3	9	中	83	1	3	1	2	7	中
48	1	3	2	2	8	中	84	1	2	1	3	7	中
49	1	1	3	3	8	中	85	1	1	2	3	7	中
50	2	3	1	2	8	中	86	2	1	1	3	7	中
51	3	2	1	2	8	中	87	1	2	1	3	7	中
52	1	1	3	3	8	中	88	1	3	1	2	7	中
53	1	3	1	3	8	中	89	1	3	1	2	7	中
54	1	3	2	2	8	中	90	1	2	1	3	7	中
55	2	3	1	2	8	中	91	1	3	1	2	7	中
56	1	3	1	3	8	中	92	1	2	1	3	7	中
57	3	3	1	1	8	中	93	1	3	1	2	7	中
58	1	3	2	2	8	中	94	1	2	1	3	7	中
59	2	3	1	2	8	中	95	2	2	1	2	7	中
60	3	1	1	3	8	中							

结果表明，73.7%的被调查农户的洪灾风险感知处于中等水平。处于高风险感知等级和低风险感知等级的农户分别仅有 13 户和 12 户，分别占调查农户总数的 13.7%和 12.6%。此外，各评估指标（可能性、恐惧、影响和意识）对农户洪灾风险感知的贡献可从对农户洪灾风险感知问题的调查中得到解释。可能性、恐惧、影响和意识 4 个问题的平均得分分别为 2.41、2.34、1.67 和 1.54。例如，当被问及“在未来十年内发生洪水的可能性有多大”时，约 60%的被调查者认为这种可能性“非常大”，只有不到 20%的被调查者表示“非常小”。当被问及“如果洪水发生，你的害怕程度如何”时，46%的被调查者表示“非常恐惧”，41%的被调查者表示“中度恐惧”，只有 13%的被调查者表示“根本不害怕”。64%的被调查者并不认为他们生活在洪水多发地区，超过一半（52%）的被调查者认为洪水对他们家庭的影响很小。本章得出的一些结论与先前发表文章的结论相似。例如，Ludy 和 Kondolf（2012）发现，加利福尼亚州萨克拉门托—圣华金三角洲的大多数居民没有意识到洪水灾害对他们的威胁。当问他们洪水灾害风险情况时，59%的被调查者认为他们所居住的地方位于低洪水灾害风险区，甚至有 6%的被调查者认为“没有风险”。Alshehri 等（2013）发现，沙特阿拉伯一半以上的被调查者非常关心灾害，只有 8%的被调查者“根本不关心”。

6.2.2　农户洪灾风险感知影响因素分析

在国内外研究现状中，影响洪灾风险感知的影响因素一般涉及以下几个方面：①个体的人口社会学特征；②家庭特征；③暴露程度和洪水经历（Kellens et al.，2013；Kung and Chen，2012）。

1．个体的人口社会学特征

个体的人口社会学特征中最重要的是性别、年龄、受教育程度、年收入和住房所有权（Kellens et al.，2013），这些特征在洪灾风险感知的形成过程中具有重要的作用（Kellens et al.，2011）。从表 6-4 可知，女性的风险感知水平远高于男性，该研究结果与以前学者的研究相似（Ho et al.，2008；Kellens et al.，2011；Kellens et al.，2013；Kung and Chen，2012）。例如，Kellens 和 Chen（2012）发现，女性、年龄较大或有洪水经历的被调查者的洪水灾害风险感知水平更高；Kung 和 Chen（2012）的研究表明，关于地震灾害的风险感知水平，女性同样高于男性。其主要原因可能在于：与男性相比，女性的身体和心理特征更脆弱（表 6-4），导致其往往有更强烈的恐惧和夸大风险影响的可能。此外，女性的社会经济地位通常低于男性，她们可能更担心财产损失。至于年龄，尽管有学者认为其与风险感知呈负相关（Kellens et al.，2013），但也有学者认为其与风险感知呈正相关（Lindell and Hwang，2008）。本研究发现年轻人群在洪灾意识、可能性和影响方面比老年人群有更高的认知能力。18～44 岁年龄组的人群的洪水风险感知能力最高，其次是 60 岁以上和 18 岁以下人群，45～60 岁人群的洪灾风险感知能力最低。关于受教育程度对洪灾风险感知的影响，发现受教育程度越高，洪灾风险感知能力越强。这个结论与 Qasim 等（2015）的研究结论较为一致，但与大多数学者的研究结论相反（Kellens et al.，2011；Qasim et al.，2015；Peacock et al.，2005）。例如，Qasim 等（2015）研究巴基斯坦洪灾易发区居民的风险感知时发现，受教育程度与洪水风险感知之间存在极显著的正相关关系，他指出教育程度的增加可以带来更高的风险认知。然而，大多数研究文献，如 Ho 等（2008）指出受教育程度越高的人对风险的感知越低，因为受教育程度越高的人会认为他们对灾害的控制能力更强。在本章的调查样本中，大多数被调查者（约 93%）的年收入低于 50 000 元，且约 38%的被调查者年收入不到 20 000 元。调查发现，年收入较高的被调查者对洪水风险的认知程度较低（表 6-4）。Kellens 等（2013）对洪水风险感知的实证研究进行了分析，发现在大多数研究中，收入往往与风险感知呈负相关（Ho et al.，2008；Kellens et al.，2013；Ling et al.，2015；Qasim et al.，2015）。尽管国外许多研究认为住房所有权也是影响风险感知的一个重要变量（Werg et al.，2013；Kellens et al.，2013；Qasim et al.，2015），但本调查样本中的农户都是居住在自己的房子里，因此本章中没有讨论。

表 6-4　影响因素对农户洪灾风险认知的贡献

指标			分类样本数	意识	可能性	影响	恐惧	风险感知
个体的人口社会学特征	性别	男	57	1.58	2.42	1.60	2.30	7.89
		女	38	1.47	2.39	1.79	2.39	8.05
	年龄	18 岁以下	9	1.67	2.56	1.78	1.89	7.89
		18～44 岁	27	1.59	2.48	1.67	2.44	8.19
		45～60 岁	39	1.59	2.36	1.64	2.26	7.85
		60 岁以上	20	1.30	2.35	1.70	2.55	7.90
	受教育程度	文盲	14	1.36	2.29	1.36	2.36	7.36
		小学及初中	61	1.46	2.44	1.77	2.31	7.99
		高中及以上	20	1.90	2.40	1.60	2.40	8.30
	年收入	低于 20 000 元	36	1.28	2.39	1.81	2.56	8.03
		20 000～50 000 元	52	1.71	2.38	1.63	2.25	7.98
		高于 50 000 元	7	1.57	2.71	1.29	1.86	7.43
家庭特征	家庭规模	少于 5 人	18	1.61	2.44	1.64	2.56	8.25
		5 人	34	1.56	2.38	1.91	2.32	8.18
		6 人	24	1.54	2.38	1.75	2.21	7.88
		多于 6 人	19	1.42	2.47	1.37	2.32	7.58
	有无小孩	有 12 岁以下小孩	30	1.62	2.40	1.75	2.35	8.12
		无 12 岁以下小孩	65	1.37	2.43	1.50	2.30	7.60

续表

指标			分类样本数	意识	可能性	影响	恐惧	风险感知
暴露程度和洪水经历	距离河流的远近	距离干流较近	17	1.41	2.59	1.82	2.53	8.35
		距离支流较近	56	1.63	2.46	1.71	2.27	8.07
		距离河流较远	22	1.41	2.14	1.45	2.36	7.36
	洪水经历	没有洪水经历的人	15	1.33	2.27	1.73	2.47	7.80
		有洪水经历的人	80	1.58	2.44	1.66	2.31	7.99

2. 家庭特征

家庭规模和有无小孩是影响风险感知的重要家庭特征。例如，Qasim 等（2015）研究发现，家庭规模和洪灾风险感知呈负相关关系，尽管这个关系不显著；Houts 等（1984）指出家中有小孩是影响风险感知水平的最主要的因素；Peacock 等（2005）发现家中有小孩的农户具有更高的灾害感知水平。研究结果验证了这些结论。表 6-4 表明，随着家庭规模的增大，人们对洪灾感知水平下降；家中有 12 岁以下小孩的农户比家中没有 12 岁以下小孩的农户的洪灾感知水平高。

3. 暴露程度和洪水经历

距离河流的远近可以近似地反映家庭遭受洪水灾害的程度。许多研究确认了这一指标与洪水风险感知之间的相关关系（Heitz et al.，2009；Lindell and Hwang，2008；Pagneux et al.，2011；Qasim et al.，2015）。大多数研究发现距离水源比较远的居民，具有较低的洪灾风险感知水平；距离水源较近的居民，具有较高的洪灾风险感知水平（Kellens et al.，2013）。在本章中发现类似的结论：距离河流较近的居民的洪灾风险感知水平远远高于距离河流较远的居民，且居住地离干流较近的居民的洪灾风险感知水平高于离支流较近的居民的洪灾风险感知水平。这是因为与支流洪水相比，干流洪水对人们的影响更大，造成的财产损失或生命消亡的概率更大，居住在干流附近的居民对洪水灾害的恐惧性较大（表 6-4）。

以往的洪水经历被认为是影响洪水风险感知的主要因素之一。大多数研究发现，以往的洪水经历可以提高经历者的洪水风险感知能力（Boon，2016；Bradford et al.，2012；Brilly and Polic，2005；Ho et al.，2008；Ling et al.，2015；Ludy and Kondolf，2012；Qasim et al.，2015）。例如，Qasim 等（2015）发现有洪水经历的被调查者的洪灾风险感知水平高于没有洪水经历的被调查者，洪水经历与风险感知呈正相关关系，且达到显著水平。研究结果也表明，有洪水经历的人比那些没有洪水经历的人具有更高的洪灾风险感知水平，这证实了大多数以前研究的结果。此外，有洪水经历的人的意识和可能性高于那些没有洪水经历的人。这一发现也与以前的研究相似。例如，Lindell 和 Hwang（2008）发现，有灾害经历的人比没有灾害经历的人具有更高的风险意识；Ho 等（2008）发现，灾害经历越多的人，越会感觉到灾害可能发生，感觉到灾害对其生命的威胁更大，而且比灾害经历少的人更有恐惧感。

6.3　本 章 小 结

为了了解农户对洪水风险的感知状况，首先利用 4 个变量（意识、可能性、影响和恐惧）构建了一个农户风险感知指数，用以评估豫西山区农村居民的洪水风险感知。然后，在文献综述的基础上，确定了影响农户洪水风险感知的 8 个因素，分别为性别、年龄、受教育程度、年收入、家庭规模、有无小孩、距离河流的远近和洪水经历。最后，对影响家庭风险感知的 8 个因素进行了分析，得出如下结论。

（1）大多数农户的洪灾风险感知处于中等水平，约占调查家庭总数的 73.7%。处于高风险感知和低风险感知的农户分别仅有 13 户和 12 户，分别占调查农户总数的 13.7%和 12.6%。

（2）女性对洪水灾害风险的感知水平高于男性。原因可能如下：与男性相比，女性的身体和心理更脆弱（表 6-4），导致其往往有更强烈的恐惧和夸大风险影响的可能。此外，女性的社会经济地位通常低于男性，她们可能更担心财产损失。受教育程度高、年收入低、家中有 12 岁以下的小孩、有洪水经历、家庭规模小、距离河流近的人比其他人的洪灾风险感知水平高，年龄在 18～44 岁的人群比其他年龄组的人群具有更高的洪灾风险感知水平。

（3）研究结果可用于帮助当地政府和家庭提高洪水风险管理水平和洪灾风险感知水平。例如，研究发现，受教育程度较低的被调查者对洪灾风险感知水平低于受教育程度较高的人。因此，地方政府应该经常举办一些课程和培训，以提高当地居民灾害相关的知识水平和技能。有过洪水经历的人比没有洪水经历的人具有更高的洪灾风险感知水平，因此，进行应急疏散演习有利于提高当地居民对洪灾风险的感知水平。

第7章　豫西山区乡村农户的洪灾应急避险能力

当洪灾来临时，应急避险是减少洪水灾害造成人员伤亡最直接、最有效的方法。人是社会的主体，没有人类就无所谓灾害（O'Keefe et al.，1976）。提高居民应急避险能力、减少洪灾造成的人员伤亡是以人为本思想的具体体现。大量洪水灾害案例表明，当洪水来临时，根据目前的技术手段，紧急控制洪水灾害事态的发展还不现实，而居民应急避险则是应对洪水灾害最有效的、最直接的手段。对于山区洪水灾害而言，提升居民应急避险能力是加强山区基层洪灾应急管理的关键，是提升山区洪水灾害救灾能力的核心。从现有研究来看，在自然灾害的研究领域中，洪水灾害引起的风险和脆弱性问题受到越来越多学者的关注，并提出了基于历史灾害数据的评估方法、基于情景的评估方法、基于GIS的方法和基于指数的评估方法等来评价风险和脆弱性（Li et al.，2012；Liu and Li，2016）。例如，Li等（2016）使用基于情景的风险模型及水动力模型和参与式GIS相结合的方法评估了社区尺度的洪水风险；Dewan（2013）基于灾害-地方模型和GIS评价了社区尺度的洪灾脆弱性；Fernandez等（2016）利用基于GIS的多指标决策分析，研究了葡萄牙城市的社会脆弱性，并提出了相应的策略。洪灾公共安全的关键问题之一是，如何在洪水灾害发生之前或发生期间安全和迅速地撤离。而避险能力的高低是公众能否顺利撤离的关键。许多来自不同国家的学者对这一问题的关注和兴趣与日俱增（Chen et al.，2016；Kawamura et al.，2014；Kim et al.，2011；Liu and Lim，2016；Masuya et al.，2015；Simonovic and Ahmad，2005；Wallace et al.，2016）。例如，Wallace等（2016）通过对美国北卡罗来纳州博福特县205户家庭的访谈，研究了洪灾疏散、感知风险和实际风险之间的关系；Simonovic和Ahmad（2005）开发了一种利用系统动力学方法来研究洪灾紧急疏散过程中人类行为的仿真模型，并在加拿大红河流域进行了验证；Liu和Lim（2016）研究了农户避难场所的分配和逃生策略，发现位于布里斯班（Brisbane）东部和西部的社区几乎没有避难场所覆盖；Masuya等（2015）利用洪水范围、洪水水深、人口普查和建筑物等数据，研究了达卡都市发展规划区避难场所的空间分布情况；Kim等（2011）提出了一个基于DEM模型洪水风险评估模型，以增强安全疏散决策支持系统，并将该系统在日本长冈市的卡基河流域进行展示；陈伟等（2016）利用系统论和GIS技术设计了城市应急避难系统规划框架，并在此框架下对广州市应急避难场所进行了规划研究。对已发表文献的分析表明，目前关于应急避险的研究多集中在模型（Kim et al.，2011；Simonovic and Ahmad，2005）、最短路径和最短时间

（He et al.，2015；Wang et al.，2014；Wood et al.，2014）、情景模拟（Wang et al.，2014）和应急避险行为（Burnside et al.，2007；Dombroski et al.，2006；Heath et al.，2001；Lim et al.，2013）上，而关于应急避险能力的研究相对较少，特别是乡村农户尺度的洪灾避险能力影响因素，以及各因素对避险能力的作用途径和影响程度的研究更少。

本章的主要目的是，①分析影响豫西山区农村农户洪灾应急避险能力的主要因素；②构建结构方程模型，研究各影响因素对农户洪灾应急避险能力的作用途径和影响大小；③提出农户洪灾应急避险能力的提升策略。

7.1 数据来源与方法

7.1.1 洪灾应急避险能力影响因素的识别

为了识别应急避险能力的影响因素，对部分重要相关文献进行了梳理。例如，Heath 等（2001）分析了家庭疏散撤离失败的影响因素，发现影响家庭疏散的关键因素是宠物（狗和/或猫）数量，以及儿童和老年人的存在。Burnside 等（2007）研究了信息和风险感知对新奥尔良居民飓风疏散决策的影响，发现信息传递在疏散过程中至关重要。同时，在疏散的过程中，一些老年人的行动能力可能受到限制，因此年龄是影响疏散撤离的一个关键因素。Eisenman 等（2007）通过对居住在休斯敦避险中心居民的实地访谈，详细阐述了人们在卡特里娜飓风中疏散行为的影响因素，以及各因素是如何影响避险行为的。研究发现影响疏散行为的因素是复杂的，且各因素之间是相互影响的。王瑶等（2009）构建了水库下游公众洪灾避险能力评价指标体系，并运用主成分分析法确定了影响避险能力的 3 个主要成分，通过对安徽省沙河集水库下游居民进行调查，发现影响避险能力的主要因子为思想意识层面、知识掌握层面和个人行为层面的避险能力，且性别、受教育程度和居住地区对公众洪灾避险能力有显著的影响。Lim 等（2013）将影响洪灾疏散撤离决定行为的因素分为社会人口统计学特征、风险相关因素和能力相关因素 3 个方面。Lim 等（2016）识别出影响菲律宾奎松市家庭避险行为模式选择的 13 个影响因素，并指出在以后的长距离疏散中，农户应该拥有自己的疏散撤离工具。Paul（2012）发现对预警信息的信任程度是影响疏散行为的首要因素，其次是与最近避难场所的距离和受教育程度。本章将以前研究中常用的影响因素进行了归纳总结（表 7-1）。

表 7-1　自然灾害应急避险能力的常用因素

灾害类型	文章题目	研究尺度	研究目标	影响因素	资料来源
洪水灾害	农户在自然灾害疏散撤离中失败的人为和宠物相关风险因素	家庭	研究疏散撤离失败的影响因素	家中是否有儿童、家中是否有老人、家中猫的数量、家中狗的数量、家庭收入、户主的文化程度	Heath 等（2001）
飓风灾害	脆弱社区的灾害规划和风险沟通：来自卡特里娜飓风的教训	家庭	了解避险行为的主要影响因素	避难场所、交通工具、经济状况、财产、工作、健康、社交网络、信息来源、时间、信息、风险感知和社会文化	Eisenman 等（2007）
洪水灾害	水库下游居民避险能力指标体系构建及其实证研究	个人	提高个人的洪灾避险能力	性别、年龄、文化程度、家庭情况、居住地区和收入	王瑶等（2009）
洪水灾害	发展中国家农户洪灾疏散方式选择的决定因素	家庭	识别家庭避险行为模式选择的影响因素	撤离时间、目的地类型、年龄、性别、户主的受教育程度、健康问题、家中是否有儿童、居住年限、住房所有权、车辆所有权、预警信息的来源、疏散距离和疏散费用	Lim 等（2016）
洪水灾害	洪水应急疏散决策的影响因素及其对交通规划的启示	—	了解影响洪灾疏散决定的因素	年龄、性别、家中是否有婴幼儿、收入、汽车拥有情况、受教育程度、家庭规模、家庭工作人数、保险、经济发展、社会资本、信息、沟通、社区能力、风险分析、风险沟通、风险意识和风险感知	Lim 等（2013）

根据对已有文献的研究，以及与 30 名当地农民和来自不同相关研究领域（地理、水文、社会学和风险管理）的 20 名专家的深入探讨（Liu and Li，2016），结合当地的实际情况，首先识别出影响豫西山区农户洪灾避险能力的 11 个因素，然后运用结构方程模型研究各影响因素对洪灾避险能力的作用途径与作用程度。所选指标的定义、测量方法、资料来源及其对洪灾避险能力影响的假设见表 7-2。

表 7-2　所选指标的定义、测量方法、资料来源及其对洪灾避险能力影响的假设

影响因素	定义	测量方法	假设	资料来源
洪灾知识	2010～2014 年，参加灾害应急相关培训的次数	没参加过=0 参加过 1 次=0.5 参加过 2 次及以上=1	通过参加与灾害有关的培训，可以提高灾害及其应对知识。参加培训的次数越多，应急避险能力就越强	Lim 等（2013）；王瑶等（2009）
避险态度	如果收到预警信息或者撤离命令，选择留在家中还是立即撤离	留在家中=0 立即撤离=1	避险态度越积极，洪灾避险能力越高。因为态度是影响行为的重要因素	Heath 等（2001）；王瑶等（2009）

续表

影响因素	定义	测量方法	假设	资料来源
避险技能	近 5 年来参加应急演练的次数	没参加过=0 参加过 1 次=0.5 参加过 2 次及以上=1	避险技能可以通过参加应急演练来得到提高。参加应急演练的次数越多，应急避险技能越高，应急避险能力也就越强	专家意见和实际情况
抚养比	18 岁以下和 65 岁以上人口与工作人口（19～64 岁）的比例	（18 岁以下人口数+65 岁以上人口数）/（19～64 岁的人口数）×100%	抚养比越大，撤离疏散时照顾的人数越多，负担越重，避险能力越弱	Heath 等（2001）；Lim 等（2013）
15 岁以上文盲率	家庭中 15 岁以上文盲人数与家庭规模的比值	（文盲人数/家庭规模）×100%	15 岁以上文盲率越高，灾害相关信息或资源的获取能力越低，洪灾避险能力越低	Lim 等（2013）；王瑶等（2009）
常年外出打工人员比例	家庭中常年外出打工的人数与家庭规模的比值	（常年外出打工人数/家庭规模）×100%	家庭中常年外出打工人员的比例越多，家中留守的老人和儿童就越多，应急避险能力越低	Liu 等（2017）
避难场所	居住地附近是否有避难场所	否=0 是=1	如果居民很容易到达避难场所，那么他们就更愿意撤离，反之亦然。因此，如果居民居住地附近有避难场所，那么他们的避险能力相对较高	Liu 等（2017）；Eisenman 等（2007）
政府支持	政府是否参与居民的避险过程	否=0 是=1	政府支持可以帮助居民更好地避险。因此，政府支持越多，避险能力越强	专家意见和实际情况
预警	政府发布预警信息的方式与数量	政府发布预警信息方式的方式与数量，包括广播、电视、电话、平台和入户通知等	政府发布预警信息的途径越多，居民越相信预警信息的可靠性，越愿意疏散撤离，因此避险能力越高	Paul（2012）；Eisenman 等（2007）
信息获取能力	灾害信息接收的能力	接收灾害信息的工具的数量，包括电话、电视和网络	灾害信息接收的工具越多，越容易接收到灾害信息，越利于疏散撤离的正确决定，避险能力越高	Burnside 等（2007）；Lim 等（2013）
快速转移能力	人均交通工具，家庭规模与交通工具的比值	交通工具的数量/家庭规模	人均交通工具越多，从灾害中快速转移的能力越强，避险能力越高	Lim 等（2013）；Lim 等（2016）

7.1.2 问卷设计

根据已确定的洪灾避险能力影响因素（表 7-2），构建了包含 11 个相关问题在内的调查问卷。除被调查者的年龄、性别、职业、文化程度等基本信息，为了便于被调查者更好地回答问卷，将 11 个问题分为 4 组。第 1 组是洪灾避险能力因素的个人能力，包括对洪水灾害的知识、态度和技能；第 2 组是家庭结构特征，包括常年在外打工人员比例、抚养比和 15 岁以上文盲率；第 3 组主要是指社会环境，包括避难场所、预警和政府支持；第 4 组主要涉及信息获取能力和快速转移能力。

7.1.3 结构方程模型

影响农户洪灾应急避险能力的因素有很多，有些是直接影响因素，有些是间接影响因素。一般来说，用传统的统计方法很难直接测量不同变量之间的相互作用及其对紧急疏散能力的潜在复杂影响，而结构方程模型可以有效地解决该问题。结构方程模型是 20 世纪 70 年代发展起来的一种建立、估计和检验多变量因果关系的模型方法（Jöreskog and Goldberger，1972）。模型中既包含可观测的显在变量，也可能包含无法直接观测的潜在变量。结构方程模型可以替代多重回归法、通径分析法、因子分析法、协方差分析法等，分析单项指标对总体的作用和单项指标间的相互关系。结构方程模型最初主要应用于社会学和心理学的研究（Anderson，1987；Fassinger，1987；Heise，1974；Huba and Harlow，1987），随后被引入生态学和环境科学的研究领域（Buncher et al.，1991；Mitchell，1992；Ramirez and Hess，1992），近年来，它逐渐被应用到自然灾害的研究领域（Adams and Boscarino，2011；Stoolmiller and Snyder，2014；Zou，2012）。与传统的多元统计方法相比，结构方程模型的最大优点是能够通过模型测量误差来估计和检验结构之间的关系，并通过测量可观测变量来分析潜在变量（Arlinghaus et al.，2012；Musil et al.，1998；Weston and Gore，2006；Zou，2012）。因为结构方程建模可以看作因子分析法和路径分析法的结合，所以一个完整的结构方程模型由测量模型和结构模型两部分组成。用来描述观测变量和潜在变量之间关系的测量模型可以用方程（7-1）和方程（7-2）表示；用于描述各潜在变量之间相互关系的结构模型可以用方程（7-3）表示（Weston and Gore，2006；Zou，2012）。

$$x = \Lambda_x \xi + \delta \tag{7-1}$$

$$y = \Lambda_y \eta + \varepsilon \tag{7-2}$$

$$\eta = \boldsymbol{B}\eta + \boldsymbol{\Gamma}\xi + \zeta \tag{7-3}$$

式中，x 和 y 分别为外生观测变量与内生观测变量；ξ 和 η 分别为外生潜在变量和内生潜在变量；Λ_x 为外生观测变量 x 与外生潜在变量 ξ 之间的回归系数；Λ_y 为内生观测变量 y 与内生潜在变量 η 之间的回归系数；δ 和 ε 分别为外生观测变量 x 和内生观测变量 y 的误差项；$\boldsymbol{B}$ 和 $\boldsymbol{\Gamma}$ 为系数矩阵；ζ 为结构模型的残差（许立等，2013）。

除数据准备过程之外，结构方程模型的建立过程可概括为模型假设、参数估计、模型评价和结果应用 4 个步骤（李高扬和刘明广，2011；Weston and Gore，2006）。

（1）模型假设：结构方程模型是一种验证性的因素分析方法。因此，它必须在一些理论支持或先前研究的基础上对各变量之间的因果关系或结构关系进行假设，这些理论假设可以用路径图或矩阵方程来表示。

（2）参数估计：利用调研所获得的数据对结构方程模型中的所有参数进行估计。参数估计的目的是使模型本身的协方差与样本之间的距离最小。根据不同的距离计算公式，可以采用不同的参数。例如，最大似然（greatest likelihood）法、最小二乘（least squares）法、广义最小二乘法、未加权最小二乘法和渐近分布自由（asymptotic distribution free）法等。每种估计方法都有优缺点，可以根据数据特点选择其中的一种。

（3）模型评价：模型评价的目的是检验经验数据对假设模型的拟合程度。它主要包括绝对拟合度（absolute fit degree）评价和相对拟合度（relative fit degree）评价。用于评价绝对拟合度的指标主要包括适配度指数（goodness-of-fit index，GFI）、卡方值（χ^2）、比较拟合指数（comparative fit index，CFI）、残差均方和平方根（root mean square residual，RMR）和渐进残差均方和平方根（root mean square error of approximation，RMSEA）等。相对拟合度评价的常用指标主要包括标准适配度指数（normed fit index，NFI）、增值适配度指数（incremental fit index，IFI）和相对适配度指数（relative fit index，RFI）等。

（4）结果应用：如果所构建的结构方程模型是一个拟合度较好的模型，则可根据模型获得每个变量的权重，并且可以确定每个变量对研究对象的潜在影响途径及影响程度。此外，可以根据分析结果，提出提高洪灾避险能力的相关建议。

另外，研究区域、调研过程和样本选择的详细情况见 5.1 节。

7.2 结果与讨论

7.2.1 研究结果

1．模型假设和参数估计

应急避险能力是一个很难直接测量的概念。因此可以将其看作潜在变量，构建一些可以直接测量的观察变量，然后通过结构方程模型对其进行有效的测量。首先，根据文献分析结果（Adeola，2009；Heppenstall et al.，2013；Horney et al.，2010；Johnstone and Lence，2012；Lamb et al.，2012；王瑶等，2009），以及与相关专家和当地居民的交流，确定影响农户洪灾应急避险能力的 11 个指标（可直接观察的变量，详见表 7-2）。其次，在此基础上提出应急疏散能力影响因素及其内在关系的假设模型，在模型中假设农户的洪灾应急避险能力受个体能力、家庭特征和社会环境的影响。最后，基于所获得的数据，采用软件 AMOS 7.0 对所有的参数及相关评价指标进行计算（图 7-1）。

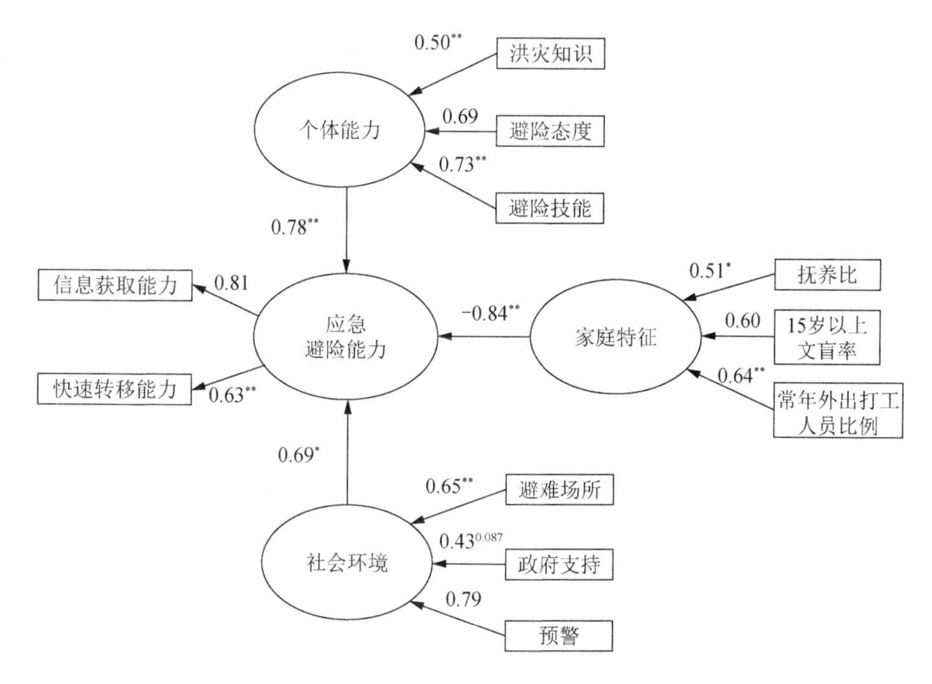

图 7-1　结构方程模型及其参数估计结果

*表示在 0.05 水平显著；**表示在 0.01 水平显著；没有标*或**的为固定路径

目前，有多个软件可以用来对结构方程模型的参数及相关评价指标进行计算，如 Amos、Mplus 和 LISREL。Narayanan（2012）研究了可用于结构方程建模的 8 个软件，并讨论了它们在结构方程模型应用中的优缺点。本章采用 Amos 软件对结构方程模型进行建模和计算的主要原因是，Amos 软件具有良好的组织和快速输出能力，以及简洁清晰的操作界面。

2．模型评价

本章采用 RMSEA、CFI 和 χ^2/df 对模型的整体拟合度进行评价。RMSEA、CFI 和 χ^2/df 分别为 0.047、0.937 和 2.35。评估结果表明，该结构方程模型适合于对假设进行验证和分析。同时，采用最大似然法检验各路径系数的显著性，具体结构见图 7-1。

从图 7-1 可知，结构模型中的所有路径系数均在 0.05 水平达到显著，且个人能力和家庭特征对应急疏散能力的路径系数在 0.01 水平达到显著。在个人能力、家庭特征、社会环境 3 个测量模型中，除政府支持对社会环境的路径系数在 0.1 水平达到显著和抚养比对家庭特征的路径系数在 0.05 水平达到显著，其他观察变量的路径系数均在 0.01 水平达到显著。此外，除政府支持对社会环境的路径系数为 0.43，其余路径系数的值均在 0.50～0.95。结果表明，结构模型中的假设关系是合理的，观测模型中的潜在变量可以用设定的观测变量进行有效的测量。

3．结构模型的关系分析

关于农户洪灾应急避险能力各影响因素之间的内在关系，可以通过图 7-1 构建的结构方程模型进行分析。具体如下：①个人能力对洪灾应急避险能力的路径系数是 0.78，且在 0.01 水平显著，这说明个人能力对农户的洪灾避险能力有正影响；②家庭特征对洪灾应急避险能力的路径系数为-0.84，且也在 0.01 水平显著，这表明家庭特征对农户的洪灾应急避险能力有负影响；③社会环境对应急避险能力的路径系数为 0.69，且在 0.05 水平达到显著，这表明社会环境对农户的应急避险能力有正影响。因此，可以利用个人能力、家庭特征和社会环境这 3 个潜在变量，构建农村居民洪灾应急避险能力评价框架。

4．测量模型的影响因素分析

1）个人能力

在影响个人能力的 3 个因素中，避险技能对个人能力的影响是最大的，其路径系数为 0.73，在 0.01 水平显著。避险态度对个人能力的影响程度大于洪灾知识，该研究结果基本与现实情况相符合。以 2010 年 7 月 24 日发生在栾川县潭头镇汤营村的伊河大桥整体垮塌事件为例来说明避险态度的重要性。受台风“灿都”影响，处于暴雨中心地区的栾川县在 7 月 22～24 日普降大到暴雨，连续的暴雨致使该县部分道路受损，手机信号中断，这说明该地区有很大的可能发生洪水灾害。然而，并不是所有的居民都意识到这一紧急情况。据事发现场的一位幸存者回忆：河道涨水时，他和外甥等人正在桥上看洪水。“当时，桥上挤满了附近的村民和来九龙疗养院的游客，有近百人……也就是瞬间，我所在的桥南侧最先垮塌。也就是几秒钟，我看到身旁的 10 多人，包括我的外甥，全掉进水里了。随后，我就被砸晕了。等我几分钟后醒来时，发现自己被挂在下游 200 m 外的柳树上。当时水很大，到处都是挣扎的手。太可怕了，几十条人命，说没就没了啊！”这充分说明，这些人缺乏的不是洪水知识，而是对洪水灾害发生的可能性意识不足，疏散撤离态度不明确。

2）家庭特征

在家庭特征的 3 个影响因素中，抚养比和常年外出打工人员比例的路径系数分别在 0.05 和 0.01 水平显著，这说明所有影响因素对家庭特征有显著影响。具体来说，常年外出打工人员比例对家庭特征的影响最大，其路径系数为 0.64；其次为 15 岁以上文盲率，其路径系数为 0.60；影响最小的为抚养比，其路径系数仅为 0.51。

3）社会环境

在社会环境的 3 个影响因素中，预警的影响最大，其路径系数为 0.79；其次为避难场所，其路径系数为 0.65，且在 0.01 水平显著；政府支持影响最小，其路径系数为 0.43，且在 0.1 水平显著。

4）应急避险能力

信息获取能力和快速转移能力被认为是影响乡村农户洪灾应急避险能力的两个最关键因素。本章研究结果表明，这两个因素对应急避险能力具有正面影响，且信息获取能力对应急避险能力的影响大于快速转移能力。这两个影响因素对应急避险能力的路径系数分别为 0.81 和 0.63。

5．各影响因素对应急避险能力的影响

表 7-3 列出了各因素对乡村农户应急避险能力的影响程度，从表 7-3 可以清晰地看到每个指标对洪灾应急避险能力的相对重要性。具体来说，对洪灾应急避险能力影响程度比较高的 3 个因素分别为避险技能、预警和避险态度，其路径系数分别为 0.569、0.545 和 0.538；其次为常年外出打工人员比例和 15 岁以上文盲率，其路径系数分别为−0.538 和−0.504。上述 5 个指标的路径系数绝对值均大于 0.5，符合结构方程模型的要求（Weston and Gore，2006）。政府支持对农户洪灾应急避险能力的影响最小，其路径系数仅为 0.297。

表 7-3　各因素对乡村农户应急避险能力的影响程度

潜在变量	观察变量	路径系数	相对重要性
个人能力	洪灾知识	0.390	8
	避险态度	0.538	3
	避险技能	0.569	1
家庭特征	抚养比	−0.428	7
	15 岁以上文盲率	−0.504	5
	常年外出打工人员比例	−0.538	4
社会环境	避难场所	0.449	6
	政府支持	0.297	9
	预警	0.545	2

7.2.2　讨论

1．模型评价

结构方程模型的评价可分为两部分：一是总体模型的拟合度评价；二是路径系数的显著性检验。总体模型拟合度评价的目的是检验样本数据与模型假设之间的拟合程度。总体模型的拟合度评价的指标有很多，选择其中 3 个最主要和最常用的指标对建立的结构方程模型的拟合度进行评价(Hervas et al.，2013；Hooper et al.，2008；King et al.，1996；Marsh ct al.，2010；Musil et al.，1998；Nakamura et al.，2014)。

第 1 个指标是 RMSEA，用来评价假设模型的绝对适配度。RMSEA 是一个不需要基准线模型的绝对性指标，由于它对模型中估计参数数量的敏感性，被认为是最能提供信息的拟合指标（Hooper et al.，2008）。其值越小，表示模型的适配度越好。一般来说，RMSEA 的值小于 0.05 表明模型的适配度非常好；RMSEA 的值在 0.05～0.08 表明模型的适配度一般；RMSEA 的值在 0.08～0.10 表明模型的适配度可接受；RMSEA 的值大于 0.10 表明模型适配度不可接受（Marsh et al.，2010；Musil et al.，1998）。

第 2 个指标是 CFI，用来评价模型的相对适配度。CFI 是受样本大小影响最小的指标。因此，它也是应用较为普遍的指标之一（Hooper et al.，2008）。其取值范围为[0,1]，其值越接近 1，表明模型适配度越佳，越小表明模型适配度越差。一般来说，CFI 的最小可接受值为 0.90，CFI 的值在 0.90～0.95 说明模型契合度可接受，CFI 的值大于 0.95 说明模型的契合度非常好(Marsh et al.，2010；Musil et al.，1998)。

第 3 个指标是卡方值与自由度的比值（χ^2/df），用来评价模型的简约适配度。一般来说，其值越小，适配度越高。χ^2/df 值小于 2.0 表示模型的适配度非常好，其值在 2.0～3.0 表示适配度一般，其值在 3.0～5.0 表示模型的适配度可接受，其值大于 5.0 说明模型的适配度不可接受(Hervas et al.，2013；Hu and Bentler，1999)。

上述 3 个指标的参考值和本章研究的实际计算值见表 7-4。结果表明，本章构建的结构方程模型适合度非常好（表 7-4）。

表 7-4　结构方程模型适配度指标参考标准

指标	参考标准		计算值
RMSEA	<0.05	非常好	0.047
	0.05～0.08	一般	
	0.08～0.10	可接受	
	>0.10	不可接受	
CFI	>0.95	非常好	0.937
	0.90～0.95	可接受	
	<0.90	不可接受	
χ^2/df	<2.0	非常好	2.35
	2.0～3.0	一般	
	3.0～5.0	可接受	
	>5.0	不可接受	

路径系数的显著性检验包括两部分：一是测量模型的评价；二是结构方程模型的评价。如果测量模型的路径系数在 0.05 或更高水平显著，说明测量指标能有效地测量其潜在变量；如果结构方程模型的路径系数在 0.05 或更高水平显著，说明两个潜在变量之间的假设关系是合理的（吴明隆，2010）。结果表明，本章所构建的结构方程模型中潜在变量之间的假设关系是合理的，观测指标可以有效地测量模型中的潜在变量（图 7-1）。

2．洪灾应急避险能力影响因素

本章结果表明，构建的个人能力、家庭特征和社会环境 3 个潜在变量可以反映农户洪灾的应急避险能力，与先前的一些研究基本符合（Lim et al.，2013；Lim et al.，2016；王瑶等，2009；Zhang，2013）。Lim 等（2016）研究了菲律宾奎松市农户洪灾应急避险能力的影响因素，发现影响农户疏散撤离决策的关键因素是农户特征、能力相关因素和灾害相关因素。王瑶等（2009）利用主成分分析法确定了影响应急避险能力的 3 个因素，分别为应急知识、避险态度和避险行为。在构建的结构方程模型中，家庭特征这一潜在变量对应急避险能力有负向影响。这是因为衡量家庭特征的各个指标与应急避险能力呈负相关关系。Heath 等（2001）发现，在自然灾害的避险过程中，有小孩的家庭紧急避险失败的概率大于无小孩的家庭。Adeola（2009）发现有老年人或有行动不便的人的家庭比无老年人或无行动不便的人的家庭更倾向于快速疏散撤离。灾害信息的获取能力和快速转移能力对洪灾的应急避险能力有很强的正面影响，这一发现验证了前人的研究结果。Burnside 等（2007）研究新奥尔良市居民的信息和风险感知对飓风撤离决策影响因素时发现，信息在疏散过程中至关重要。Kawamura 等（2014）发现通信网络被破坏会对群众的应急避险能力产生非常大的影响。灾害相关信息获取能力对应急避险能力的影响比快速转移能力的影响更大的原因主要是应急避险的决策主要依赖于居民所掌握的灾害信息。

通过对各应急避险能力评价指标相对重要性的分析，提出了提高农村居民洪灾应急避险能力的一些相关建议。

（1）首先要做的是提高当地居民的应急避险技能和避险态度。因为居民的应急避险技能和避险态度是洪灾应急避险能力最重要的影响因素（表 7-3），而居民的避险技能和避险态度可以通过相关的应急培训和教育来改变。成功地进行一次培训和教育，应该考虑到以下问题：①确定培训的方法。培训可以采用定期和非定期相结合的方法进行，建议每年雨季来临之前组织洪灾应对知识和提升技能等方面的培训，并且根据当地的实际情况进行非定期的培训；②确定培训的负责人，建议当地政府负责定期的课程安排，村级负责人负责非定期培训和教育；③确定应急培训的主要目标，让尽可能多的居民参加相关的培训；④确定培训内容。培训内容至少应该包含 4 个部分，即区域自然灾害相关的知识、应对灾害的相关技能、应急避险的重要性及如何科学有效地避险。

（2）应尽快建立洪水灾害预警系统。首先，提高灾害预警信息的准确性。灾害信息的准确性对农户应急避险决策有至关重要的影响（Bremicker and Varga，2014；Philipp et al.，2015）。目前，当地政府的预警信息主要来源于天气预报和省级政府，而这些信息有时候不太准确。因此，应该通过一些先进的技术和模型来提高预警信息的准确性，如水文预报模型和 GIS 等（Frolov et al.，2016；Miao et al.，2016）。其次，建立预警信息发布—接收—反馈信息平台。目前，居民接收预警信息的主要方式是广播、手机、网络或上门通知。例如，在实际的调查中发现，在洪水来临前，有 66 位被调查者说有关人员到他们家通知过他们洪水可能会来临，这种方法可以确保被通知人员确实接收到信息，但效率低下，浪费时间。同时，在调查时发现，被调查者中只有 3 户没有手机。因此，可以基于现代先进的通信技术，建立一个信息发布—接收—反馈平台，接收到信息的居民收到信息后及时进行回复，这样可以知道哪些用户没有收到信息，使通知的范围进一步缩小，减少通知的时间（Cools et al.，2016；Kawamura et al.，2014）。

（3）尽快降低常年在外打工人员比例。根据调查，约有 27.2%的人员常年在外打工，且打工人员中 18～49 岁的居民占到常年外出打工总人数的 82.5%。这就意味着有更多的小孩、老人及行动不便的人留在家中，这严重影响了农户洪灾应急避险能力的提高。因此，政府应该通过建立农业保险制度、提供更多就业机会等途径降低常年外出打工人员比例（Liu and Li，2016）。

7.3 本章小结

本章首先通过文献分析法和专家访谈法，确定了影响农户洪灾避险能力的主要影响因素；然后通过构建结构方程模型研究了避险能力影响因素之间的关系及其对应急避险能力的作用路径和影响程度。

（1）本章所构建的结构方程模型中的基本假设是合理的，观测指标可以有效地测量结构方程模型中的潜在变量。

（2）各因素对农户洪灾避险能力的影响程度从大到小分别是避险技能、预警、避险态度、常年外出打工人员比例、15 岁以上文盲率、避难场所、抚养比和政府支持。

（3）为了尽快提高农村居民的洪灾应急避险能力，应尽快提高当地居民的应急避险技能和端正避险态度、建立洪水灾害预警系统和降低常年在外打工人员比例。

第 8 章　城市社区尺度的洪灾抗逆力

城市是人口和财富的聚集区，其密集的人口和密布的基础设施改变了城市下垫面性质和局地环境（李昕等，2012；刘国斌和韩世博，2016），给城市的排水系统和降水环境带来了影响，加上全球气候变化引起的多发性极端降水，城市洪涝灾害也在逐渐增多（冯平等，2001；石勇等，2009b）。例如，2012 年 7 月 21 日北京市发生特大暴雨，导致 160.2 万人受灾，79 人死亡，直接经济损失达 1 164 亿元（孙建华等，2013）。又如，2004 年 9 月 3～7 日连续暴雨，造成重庆大部分地区洪水泛滥，并引发多处山体滑坡和泥石流，造成 82 人死亡，20 人失踪，直接经济损失近 20 亿元（周国兵等，2006）。因此，城市洪灾发展态势及其危险性对城市的防洪减灾提出了新的要求。国内外学者针对高发、广发和高危害的城市洪涝灾害做了大量的研究。Bisht 等（2016）利用暴雨洪水管理模型和 MIKE 城市模型设计了印度一个小城市化地区高效排水系统，揭示了二维模型在处理特定位置洪水问题中的重要性；石蓝星等（2017）采用改进物元可拓模型，从致灾因子、孕灾环境、承灾体脆弱性和减灾措施 4 个方面建立了城市洪灾风险评价指标体系，并对丽水市进行洪灾风险评价，评价结果与该地区实际洪灾风险情况基本相符；王润英和李宇（2016）构建了基于熵-云模型的城市洪灾风险评价模型，并利用实际数据验证了该模型在城市洪灾风险评价中的有效性和可行性；阮平平和贾艾晨（2013）分析了 Google Earth 在城市洪灾可视化显示和淹没面积计算中的应用，提出利用 Google Earth 和图像处理技术快速获得城市地形及建筑物数据的方法；刘昌明等（2016）利用城市雨洪模拟技术和低影响开发模式优化技术等方法，探讨了支撑海绵城市实施的关键技术方法，构建了具有自主知识产权的城市雨洪模型，并以首批海绵城市试点中的常德市为例进行了应用研究；李恒义和孟琳琳（2016）针对北京市防洪排涝体系中存在防御巨灾洪水能力不足的问题，结合海绵城市理念，提出基于系统分析方法的北京市巨灾洪水防御体系的设计框架；刘忠阳等（2007）在分析城市内涝加剧主要原因（城市不透水地面增多，城区降水增多及绿地、植被减少，排洪能力差，水体面积减少等）的基础上，提出了城市防洪规划具体建议。以上研究都是以洪灾特性和城市整体特征为基础进行的研究，而对城市社区抗逆力的研究较少。城市社区位于社会风险管理的前沿，是政府应急管理的基层执行机构，是防灾减灾建设的主体，在灾害管理中起着上传下达和先期处置的重要作用（朱华桂，2012）。完整的社区可看作社会的一个缩影，提供了相对完整的家庭生活环境和信息，是居民享受物质文化和精神文化交融的地点。加强社区灾害风险管理，降低灾害发生可能性是当前国际减灾的主要趋势之一（陈容和崔鹏，2013）。我国在社区减灾应灾方面，还存在着总体发展不平衡、社会化参与程度不高、综合减灾协调机制不完善、防灾规划和应急预案针对性不强、防灾减灾宣传教育力度和减灾资源整合力度不够等问题（刘含赟，2013）。社区抗逆力作为社区减灾应灾的主要内容，在灾害发生初期发挥着不可替代的作用，可以避免灾害放大效应，减小灾害产生的影响，其水平直接影响着城市灾害管理和应对的成效。因此，识别影响城市社区洪灾抗逆力的关键因素并对其进行评价就显得尤为重要。

本章的主要目的是，以河南省新乡市红旗区所辖社区为研究对象，通过文献分析法和专家访谈法识别影响城市社区洪灾抗逆力的关键因素；构建社区尺度洪灾抗逆力评价指标体系，利用评价体系和问卷调查获取的数据对研究区域的洪灾抗逆力进行评价；分析个体特征对洪灾抗逆力的影响，以期为城市社区洪水防灾减灾规划和风险管理提供决策依据，同时为社区洪灾抗逆力评估提供方法借鉴和研究案例。

8.1 数据来源与方法

8.1.1 研究区概况

研究区基本情况与选择依据详见本书第 3 章的 3.3.2 节。

8.1.2 确定评价单元

本章选取城市社区作为评价单元，从新乡市红旗区 23 个社区筛选出在 2016 年 7 月 9 日特大暴雨中受灾较为严重的进达花园、星海假日王府、河南科技学院、宝龙社区、枫景上东、洪门社区、华龙国际、双桥社区、紫郡 9 个社区作为调查样本。

8.1.3 构建评价指标体系

社区洪灾抗逆力的影响因素有很多。本章在专家咨询法和文献分析法的基础上（Ainuddin and Routray，2012；Norris et al.，2008；Ostadtaghizadeh et al.，2016；Sherrieb et al.，2010；Tobin，1999），结合研究区域实际情况和指标体系的构建准则（朱华桂，2013），从物理、制度、经济、人口 4 个方面选取城市社区洪灾抗逆力的影响因素。

1．物理因素

本章选择 13 个指标构成物理因素二级指标集，即社区防灾规划、住宅类型、住宅结构、住宅防灾设施拥有数量、应急避难场所、救灾设施完善程度、社区周围公路状况、房屋受损情况、道路受损情况、电路损失情况、生活水电受损情况、通信线路受损情况、转移地点数量。住宅类型、住宅结构是建筑物抵抗洪水灾害能力的最直接体现，钢筋混凝土结构和 2 层及以上建筑不容易受到洪水侵扰，而砖瓦结构或 1 层及以下建筑受到洪水的冲刷和涌入，易形成冲毁、浸泡等灾情；社区防灾规划、社区周围公路状况、转移地点数量、应急避难场所将使社区抗逆力物理影响因素从社区内扩展到社区外，从社区周围环境的角度对其进行补充；住宅防灾设施拥有数量、救灾设施完善程度也从侧面反映了社区在建设初期的防灾建筑规划和防灾设施安装；房屋受损情况、道路受损情况、电路损失情况、生活水电受损情况、通信线路受损情况等从反面反映了社区抗逆力水平。各项损失越大则说明社区抗逆力越弱，物理因素没有起到抵御灾害的作用，反之则表示物理因素发挥了积极的抵御灾害作用。

2. 制度因素

社区灾害管理的制度因素涉及应急管理的体制和机制方面的内容。本章选取 20 个指标构成城市社区抗逆力制度方面的指标集。从应急管理的体制方面来说，救援方式、救灾主体、医疗救治情况、社区医院数量、救灾物资储备代表着社区综合协调能力和社区可利用资源掌握情况；防灾态度、防灾减灾意愿、救灾意愿、气象预报关注度、灾害易发时间知晓程度代表社区在灾害应对中的社会协同作用，以及公众参与风险管理和应急管理的主观意愿，居民的参与意愿是社区灾害制度管理是否能落到实处的关键影响因素。从应急管理的机制方面来说，洪灾成因分析、灾害宣传教育、应急演习分别反映了个体和社区两个层面的风险防范机制，个体对洪灾成因的理解越全面，越有助于其正确判断洪水灾害发生的可能性，社区进行灾害宣传教育和应急演习次数越多，社区对洪灾风险感知程度越高；灾害预警、灾害预警方式是社区监测和预警管理的内容，若社区能将风险水平和危险性告知居民，则居民就会有更充足的时间来进行应急准备；基础设施恢复时间、社区恢复时间、恢复速度、稳定灾情措施、公共转移工具则是社区应急处置和恢复重建的能力的体现，时间越短，代表能力越强，抗逆力也越强，反之则弱。

3. 经济因素

经济因素的作用毋庸置疑，经济能力较强的社区在灾前准备、灾中应对和灾后恢复中都存在着一定的优势。家庭作为社区的基本组成单元，每个家庭的基本经济情况也影响着社区总体经济状况。这是因为：第一，社区由于地理位置、建筑质量、物业管理水平、配套设施完善程度等因素存在着售价方面的差异，同一社区的家庭在购房经济承受能力上水平相近；第二，相近经济水平的家庭对社区进行主动选择，他们对社区的档次定位、开发商的经济水平具有初步判断。家庭经济水平和城市社区经济状况存在着相互依存的关系，可以从家庭的角度对社区经济水平进行较为准确的判断。本章选择 9 项指标来测量城市社区经济水平，有家庭总收入、家庭通信设备拥有数量、家庭交通工具种类及数量、交通工具受损情况、家庭财产损失情况、家庭固定资产数、参加保险及险种、保险赔付情况、家庭参加医保人数。

4. 人口因素

城市社区是居民聚集的地方，居民整体抗逆力水平是城市社区发挥主观能动性、积极应对自然灾害的基础，而居民个体抗逆力水平受到个人特征和家庭环境的制约，因此人口因素是影响社区抗逆力的另一个重要因素。本章选择性别、年龄、受教育程度、职业、洪水基础知识水平、洪水应对水平、逃生技能水平、卫生防疫知识、逃生知识、洪灾经历、次生疫情预防方法、应灾行为倾向 12 个指标对个体抗逆力进行评估，选取家庭总人数、男性人口比例、青壮年人口比例、行动不便人数、在外打工人数、家庭人口文化水平、居民互救情况、自救情况、家庭物资储备 9 个指标衡量家庭抗逆力水平。

城市社区洪灾抗逆力评价初选指标见表 8-1。

表 8-1　城市社区洪灾抗逆力评价初选指标

一级指标	二级指标
物理因素	社区防灾规划、住宅类型、住宅结构、住宅防灾设施拥有数量、应急避难场所、救灾设施完善程度、社区周围公路状况、房屋受损情况、道路受损情况、电路损失情况、生活水电受损情况、通信线路受损情况、转移地点数量
制度因素	灾害宣传教育、应急演习、灾害预警、灾害预警方式、防灾态度、防灾减灾意愿、救援方式、救灾主体、救灾意愿、医疗救治情况、洪灾成因分析、社区医院数量、基础设施恢复时间、社区恢复时间、恢复速度、救灾物资储备、稳定灾情措施、灾害易发时间知晓程度、气象预报关注度、公共转移工具
经济因素	家庭总收入、家庭通信设备拥有数量、家庭交通工具种类及数量、交通工具受损情况、家庭财产损失情况、家庭固定资产数、参加保险及险种、保险赔付情况、家庭参加医保人数
人口因素	性别、年龄、受教育程度、职业、家庭总人数、男性人口比例、青壮年人口比例、行动不便人数、在外打工人数、家庭人口文化水平、洪水基础知识水平、洪水应对水平、逃生技能水平、卫生防疫知识、逃生知识、洪灾经历、次生疫情预防方法、应灾行为倾向、居民互救情况、自救情况、家庭物资储备

8.1.4　数据来源

各种资料和数据的获取对于城市社区洪灾抗逆力评价的准确性和精确性至关

重要，如数据的可获得性、数据的真实性、数据的客观性等。为满足以上需求，首先从当地政府网站、红旗区民政局和当地防洪办公室获得灾害损失数据，并在民政局建议下走访红旗区各街道办事处，了解街道办事处辖区中所要调研社区的经济资料、人口数据、社区制度管理、抗险救灾资料和历史洪灾统计数据等，对可能影响社区洪灾抗逆力的影响因素进行预判，并从相关职能部门获取调查区的自然地理特征、所辖面积和职能机构设置、工商业经济情况、人口数据、城市洪灾应急管理制度等；其次，以城市社区为调查单元，以城市社区居民为调查样本进行实地问卷调查和面对面访谈，获得社区层面的相关数据和资料，对官方资料进行补充和完善，以获得更为真实和具体的统计数据。具体调查问卷见附录 2。

1. 问卷设计

调查问卷从城市社区抗逆力的属性入手，以灾害管理理论为依托，从物理、制度、经济和人口 4 个角度对社区灾前、灾中、灾后中的防御、应对和恢复能力状况进行具体分析。为避免题目设置过于学术化而引起的调查对象难以完全理解的情况，结合研究重点和数据的可获取性，设置 60 个题目形成抗逆力测评变量。补充设置一个针对社区管理机构的访谈提纲，就调查问卷中社区管理层面的应急准备、自救措施、社区职能机构、应急演练、应急预案等情况从整体上进行把握。

2. 问卷调查与回收

为顺利完成问卷调查，获取完整和真实的调查数据，进行了如下准备工作。

（1）在调查开始前，为避免问卷调查中容易出现的被调查者积极性不高、调查样本数量过少、调查数据不真实等情况，对调查人员进行了沟通技巧和调查技巧的培训，并准备了小礼品免费赠送给被调查者。

（2）调查时间选择在 2016 年 7 月 9 日特大暴雨洪灾过后一个多月的时间，由于调查是在夏季最炎热的时间进行的，调查人员选择在清晨气温尚未达到当日最高时在社区内进行户外调查，而正午时间则进行室内调查。

（3）保证样本在性别、年龄等特征方面分布均匀，需对年龄较大的社区居民进行调查。但这类群体中文盲比例较高或身体不便不能单独完成调查问卷，因此采用访谈的方式，由调查人员按照问卷内容对被调查者进行一对一提问并代被调查者将答案填入问卷，并同时就相关问题进行更为深入的交流与访谈。

（4）通过探访当地居民大致了解各个社区的人口数据和实际入住情况，保证调查样本在各个社区的分布基本符合该社区的人口规模和入住率。

在前期准备的基础上，调查小组于 2016 年 8 月 12～14 日在被调查社区内，以随机抽样的方式，通过入户调查和访谈完成调查问卷的收集，累积发放问卷 220 份，当场回收问卷 220 份，回收率为 100%，保证了样本的数量，为后期筛选有效问卷打下了基础。为进一步保证问卷的完整性和数据的真实性，通过设置问卷信息完整程度、选项矛盾、与现实相符 3 个筛选条件，剔除无效问卷 70 份，最终保留有效问卷 150 份。这 150 个调查样本的社区分布情况如下：进达花园占样本总量的 6.67%、星海假日王府占样本总量的 12.67%、河南科技学院占样本总量的 15.33%、宝龙社区占样本总量的 12.67%、枫景上东占样本总量的 10.00%、洪门社区占样本总量的 10.67%、华龙国际占样本总量的 16.00%、双桥社区占样本总量的 7.33%、紫郡占样本总量的 8.67%，这与实际调查中社区人口规模和入住率情况基本相符。

从调查样本的人口统计学特征来看，男性有 84 人，占 56%，女性有 66 人，占 44%；30 岁以下的有 74 人，占 49.33%，30～45 岁的有 24 人，占 16%，45 岁以上的有 52 人，占 34.67%；初中及以下学历的有 45 人，占了 30.00%，高中或中专学历的有 25 人，占 16.67%，大专及以上学历的有 80 人，占 53.33%。

8.1.5　评价方法

目前，用于评价研究的方法很多，如模糊综合评价法、多层次灰色评估法、情景模拟法、层次分析法、数据包络分析法和主成分分析法等。由于城市社区抗逆力评价主要不是考虑所有因素的作用效果，而是在筛选关键影响因素的基础上，正确分析少数关键指标对抗逆力评价的作用。因此，本文采用可进行变量缩减的主成分分析法作为城市社区抗逆力的评价方法。主成分分析法通过把众多相关联的原始变量缩减为少数相互独立的新变量，实现保留信息、简化数据和消除原始变量多重共线性的目标，是一种能将多维因子纳入同一系统中进行定量化研究的统计方法（任广平等，2005；王洪芬，2001）。其基本原理、计算步骤和求解方法如下。

主成分分析法在遵守最大限度保留原始信息的基础上，通过探析原始变量之间的线性关系，以累计贡献率和特征值为筛选标准，将多个原始变量压缩为少数几个关键指标，并通过关键指标的主成分得分的数学运算，完成被评价系统的综合评价。主成分分析法具有降维、简化变量等优点，且能避免人为计算指标权重的主观随意性（刘德林和刘贤赵，2006）。

设共有 n 个待评价城市社区洪灾抗逆力样本，每个样本有 p 个指标变量，则构成一个 $n\times p$ 阶的抗逆力数据矩阵。

$$\boldsymbol{X}=\begin{bmatrix} x_{11} & x_{12} & \cdots & x_{1p} \\ x_{21} & x_{22} & \cdots & x_{2p} \\ \vdots & \vdots & & \vdots \\ x_{n1} & x_{n2} & \cdots & x_{np} \end{bmatrix} \tag{8-1}$$

经降维处理，p 个指标变量可综合成 m 个新指标 $F_1,F_2,\cdots,F_m$。

$$\boldsymbol{X}=\boldsymbol{LF}+\varepsilon \tag{8-2}$$

其中，

$$\boldsymbol{X}=[x_1,x_2,\cdots,x_p]^{\mathrm{T}} \tag{8-3}$$

$$\boldsymbol{L}=\begin{bmatrix} l_{11} & l_{12} & \cdots & l_{1m} \\ l_{21} & l_{22} & \cdots & l_{2m} \\ \vdots & \vdots & & \vdots \\ l_{p1} & l_{p2} & \cdots & l_{pm} \end{bmatrix} \tag{8-4}$$

$$\boldsymbol{F}=[F_1,F_2,\cdots,F_m] \tag{8-5}$$

$$\boldsymbol{\varepsilon}=[\varepsilon_1,\varepsilon_2,\cdots,\varepsilon_p] \tag{8-6}$$

上述模型应用于城市社区洪灾抗逆力评价时，可根据精度分析要求（通常累计贡献率≥80%），在 p 个指标变量中合理选取 m 个综合指标（$m<p$），略去线性表达式中的特殊因子（ε），从而达到数据降维的目的。其中，$\boldsymbol{F}$ 为综合指标的向量集合，可用于相关分析；L 为原始变量上的载荷值，表示原始指标与综合指标变量的相关程度（Carrow，1996；徐炳成等，2001）。

8.2　结果分析

8.2.1　指标筛选

为有效评价城市社区的洪灾抗逆力，本章从物理、制度、经济、人口 4 个方面初步选定了 64 个评价指标形成预选指标集（表 8-1）。因为各指标间可能存在强相关关系，所以利用 SPSS 19.0 对数据进行相关分析。如果两个指标间的相关系数的绝对值大于 0.8，其中的一个指标会被随机保留。经过相关分析后，有 17 个评价指标被保留。因为所留指标太多，所以仍需进一步缩减变量的个数到可控范围。本章采用主成分分析法来完成这一目标，主成分分析法计算结果中累计贡献率≥75% 且特征值大于 1 的主成分将被保留（朱庆平等，2017）。各主成分的特征值、贡献率及累计贡献率见表 8-2。由表 8-2 可知，主成分变量 Z_1、Z_2、Z_3、Z_4 是由 17 个原始变量 X_1，X_2，$X_3,\cdots,X_{17}$ 通过主成分分析法运算得到的一组新变量，累计贡献率为 76.784%，较好地解释了原始数据的主要信息。因此，可利用新变量对新乡市城市社区洪灾抗逆力状况进行评价研究。

表 8-2 主成分特征值及贡献率

主成分	特征值	贡献率/%	累计贡献率/%	主成分	特征值	贡献率/%	累计贡献率/%
Z_1	5.842	34.364	34.364	Z_{10}	0.254	1.492	94.343
Z_2	3.797	22.337	56.701	Z_{11}	0.209	1.227	95.570
Z_3	2.277	13.395	70.096	Z_{12}	0.207	1.217	96.787
Z_4	1.137	6.688	76.784	Z_{13}	0.179	1.055	97.842
Z_5	0.689	4.051	80.834	Z_{14}	0.119	0.699	98.541
Z_6	0.589	3.464	84.298	Z_{15}	0.099	0.585	99.125
Z_7	0.549	3.229	87.527	Z_{16}	0.091	0.535	99.661
Z_8	0.475	2.794	90.321	Z_{17}	0.058	0.339	100.000
Z_9	0.430	2.529	92.850				

8.2.2 关键影响因素分析

由主成分载荷值（表 8-3）可知，第 1 主成分在住宅结构、社区周围公路状况、社区防灾规划、应急避难场所、房屋受损情况、救灾设施完善程度、住宅防灾设施拥有数量 7 个方面载荷值较大；第 2 主成分受洪灾宣传教育、洪灾应急演练、公共转移工具和灾害预警的显著影响；第 3 主成分从家庭通信设备拥有数量、家庭总收入、家庭交通工具种类及数量 3 个指标中提取主要信息；第 4 主成分主要受教育程度、职业及洪水基础知识水平的影响。

表 8-3 主成分载荷值

指标	第 1 主成分 Z_1	第 2 主成分 Z_2	第 3 主成分 Z_3	第 4 主成分 Z_4
住宅结构（X_1）	0.729	0.425	0.165	−0.082
社区周围公路状况（X_2）	0.689	−0.388	0.174	−0.172
社区防灾规划（X_3）	0.677	−0.447	0.129	−0.118
应急避难场所（X_4）	0.653	0.370	0.151	−0.097
房屋受损情况（X_5）	0.643	0.416	0.091	−0.033
救灾设施完善程度（X_6）	0.642	−0.194	0.007	0.604
住宅防灾设施拥有数量（X_7）	0.593	−0.415	0.000	−0.243
洪灾宣传教育（X_8）	0.631	0.659	0.080	−0.032
洪灾应急演练（X_9）	0.115	0.593	0.300	−0.175
公共转移工具（X_{10}）	0.444	0.568	0.381	−0.148
灾害预警（X_{11}）	−0.134	0.483	−0.480	0.391
家庭通信设备拥有数量（X_{12}）	−0.232	−0.089	0.675	0.062
家庭总收入（X_{13}）	−0.383	−0.244	0.636	−0.107
家庭交通工具种类及数量（X_{14}）	0.428	−0.084	−0.628	−0.098
受教育程度（X_{15}）	−0.470	0.137	0.098	0.634
职业（X_{16}）	0.465	−0.347	−0.093	0.529
洪水基础知识（X_{17}）	0.570	−0.310	−0.011	0.508

对上述 4 个主成分的进一步分析发现，第 1 主成分更多地反映城市社区及住房物理状况；第 2 主成分侧重于社区应急管理制度因素；第 3 主成分与社区住户经济状况显著相关；第 4 主成分反映社区人口方面的情况。

8.2.3　抗逆力评估

由主成分分析法得出的特征向量矩阵，可得各指标与主成分 Z_1、Z_2、Z_3、Z_4 的线性关系：

$$Z_1 = 0.301x_1 + 0.285x_2 + \cdots + 0.236x_{17} \tag{8-7}$$

$$Z_2 = 0.218x_1 - 0.199x_2 + \cdots - 0.157x_{17} \tag{8-8}$$

$$Z_3 = 0.110x_1 + 0.115x_2 + \cdots - 0.007x_{17} \tag{8-9}$$

$$Z_4 = -0.077x_1 - 0.161x_2 + \cdots + 0.595x_{17} \tag{8-10}$$

根据主成分 Z_1、Z_2、Z_3、Z_4 与相应贡献率之积的和，可获得各调查样本洪灾抗逆力的综合得分。将每个社区得分总数除以人数，可获得该社区平均分，得分越高说明社区洪灾抗逆力越强，由此可对社区洪灾抗逆力进行分级。

在均值（9.41）、标准差（1.60）和极差（3.99）的基础上，将各评价样本的洪灾抗逆力划分为低、中、高 3 个等级，其取值范围分别为[7.38, 7.81)、[7.81, 11.01]和（11.01, 11.37]，分别用Ⅰ、Ⅱ、Ⅲ表示（表 8-4）。

表 8-4　红旗区 9 个社区洪灾抗逆力等级及各指标得分

社区	第 1 主成分得分	第 2 主成分得分	第 3 主成分得分	第 4 主成分得分	综合得分	等级
枫景上东	1.41	−0.24	1.78	−0.01	11.37	Ⅲ
河南科技学院	1.32	−0.04	1.44	0.27	11.15	Ⅲ
洪门社区	1.33	−0.15	1.49	0.03	10.63	Ⅱ
华龙国际	1.24	−0.18	1.48	0.21	10.17	Ⅱ
宝龙社区	1.22	−0.16	1.65	−0.17	10.08	Ⅱ
双桥社区	0.84	0.22	1.15	0.23	8.62	Ⅱ
星海假日王府	0.98	−0.09	1.09	−0.11	7.74	Ⅰ
紫郡	0.94	−0.38	1.34	0.42	7.54	Ⅰ
进达花园	1.01	−0.21	0.95	0.10	7.38	Ⅰ
均值	1.41	−0.14	1.37	0.11	9.41	−

由表 8-4 可知，枫景上东和河南科技学院的洪灾抗逆力等级为Ⅲ，属于高抗逆力水平，其中，枫景上东社区的洪灾抗逆力最高，得分为 11.37；星海假日王府、紫郡和进达花园的洪灾抗逆力等级为Ⅰ，属于低抗逆力水平，其中，进达花园的洪灾抗逆力水平最低，得分为 7.38；其他社区评价等级为Ⅱ，属于中抗逆力水平。进一步分析表 8-4 中各主成分的得分情况，可获知社区洪灾抗逆力的影响因素，从而为社区尺度的防洪减灾规划和洪水管理提供决策依据。例如，抗逆力综合得分最

低的进达花园社区，第 2 主成分（制度因素）的得分最低，在实地调查过程中了解到，在社区公共事务管理中处于主导地位的物业公司由于内部原因已经退出社区管理体系，政府洪灾的宣传教育及应急演练等缺失。此外，该社区在第 3 主成分（经济因素）和第 4 主成分（人口因素）的得分也低于大部分社区。因此，提高该社区洪灾抗逆力的有效途径是加强政府防灾减灾制度传达、增加居民收入和提高洪灾基础知识水平。同理，据此研究结果可对其他社区洪灾抗逆力的关键影响因素进行逐一深入分析，提出科学、合理、有效的洪灾社区抗逆力提升策略。

8.2.4 基于个体特征的抗逆力分析

1．性别

从性别上分析，男性被调查者抗逆力综合平均得分为 10.28 分，女性被调查者抗逆力综合平均得分为 10.01，略低于男性。从 4 个主成分得分情况进行深入分析，男性物理因素得分为 1.27、制度因素得分为-0.15、经济因素得分为 1.49、人口因素得分为 0.06；女性物理因素得分为 1.22、制度因素得分为-0.1、经济因素得分为 1.4、人口因素得分为 0.01。对比可见，男性在物理因素、经济因素和人口因素方面的得分都略高于女性。进一步观察 4 个主成分的潜在变量指标，认为男性的心理特性和方位感知等能力使其对社区结构、社区周围公路状况、社区防灾规划、应急避难场所、房屋受损情况和救灾设施完善程度上投入多过于女性，对家庭交通工具种类及数量和家庭通信设备拥有数量等熟练应用程度强于女性，且经济自主能力可能略高于女性。而在制度因素方面，男性由于其性格特征，易忽视灾害宣传教育，参与灾害应急演练的积极性相对较低。

2．年龄

年龄小于 30 岁被调查者的抗逆力综合平均得分为 10.71，其中，物理因素得分为 1.30、制度因素得分为-0.12、经济因素得分为 1.49、人口因素得分为 0.15；年龄介于 30～45 岁的人群的抗逆力综合平均得分为 9.50，其中，物理因素得分为 1.17、制度因素得分为-0.19、经济因素得分为 1.52、人口因素得分为-0.07；年龄在 45 岁以上者的抗逆力综合平均得分为 9.69，其中，物理因素得分为 1.19、制度因素得分为-0.11、经济因素得分为 1.36、人口因素得分为 0.05。从综合平均得分上说，30 岁以下被调查者的抗逆力最强，30～45 岁的人群的抗逆力开始减弱，但在 45 岁以上的人群的抗逆力又呈现出增强的趋势。从 4 个维度进行深入分析，30 岁以下被调查者在物理因素和人口因素方面得分最高，在现实生活中，30 岁以下被调查者的受教育水平相对较高，职业选择范围相对较广，对物理维度的社区防灾规划、减灾设施和设备相对敏感，风险感知能力较强。30～45 岁被调查者在经济因素方面得分最高，这是由这个年龄段的被调查者在家庭中的中流砥柱地位决定的。青壮年是家庭经济收入来源的主要贡献者，在家庭中对交通工具和通信工具的选择和应用也更具有决策权。而 45 岁以上被调查者在制度因素方面得分最高，这是因为此年龄段人群普遍具有较多闲余时间和精力投入社区生活和管理中，成为社区灾害宣传教育和应急演练的主要受众。

3．受教育程度

数据统计结果显示，社区洪灾抗逆力水平与受教育程度呈正相关关系，大专及以上综合得分最高（10.57），高中或中专综合得分居中（9.98），初中及以下综合得分最低（9.55）。深入不同维度进行分析，也获得同样结果，即大专及以上学历者在物理、制度、经济和人口方面表现皆优于其他对比群组。生活经验也可提供现实依据，受教育程度较高者，具有知识丰富、对制度等较为敏感、职业选择范围大、经济收入较好等特点，从而无形中增强了其风险感知能力和抵御灾害的能力。

4．职业

不同职业被调查者抗逆力综合平均得分由高到低依次排序为学生（11.03），企业员工（9.59），个体户（9.55），商业、服务业人员（9.37），行政事业单位人员（8.52）。本研究认为，学生和企业员工的抗逆力较高得益于学校和企业的灾害知识的普及教育，以及组织举行的灾害或行为安全操作规程。学生还具备较丰富的知识背景，有利于其增强城市洪灾风险感知和应对能力。自然灾害对个体户主和商业、服务业经济活动能造成较大的影响，因此其对灾害风险也较为敏感。行政事业单位人员的抗逆力水平最低，但从 4 个关键影响因素的深入分析可得，行政事业单位人员在制度方面得分居 5 类人群首位，可能与此类人群具备获得灾害应急管理制度方面和风险沟通方面的资源优势相关。

8.3　本 章 小 结

本章通过梳理国内外关于自然灾害抗逆力的研究理论与研究成果，结合抗逆力评价指标筛选原则，设计一级指标 4 个、二级指标 64 个，形成城市社区洪灾抗逆力评价调查问卷。以河南省新乡市红旗区在 2016 年 7 月 9 日特大暴雨中受灾严重的社区作为研究单元，通过实地调研和访谈获取研究数据，利用 Excel 完成数据录入和整理，利用 SPSS 19.0 完成数据标准化，采用相关分析法和主成分分析法完成数据降维，最终通过主成分分析法完成对城市社区抗逆力关键影响因素分析和社区抗逆力的评价，获得以下结论。

（1）新乡市红旗区城市社区洪灾抗逆力水平不是很高，将近80%社区的洪灾抗逆力处于中等偏下水平。具体来说，3个社区处于低抗逆力水平，占调查样本的33.3%，4个社区处于中等抗逆力水平，占调查样本的44.5%，处于高抗逆力水平的社区仅占调查样本的22.2%。这与政府、社区和个体3个灾害应对主体的风险意识和灾害应对能力相关。

（2）本章通过相关分析法和主成分分析法相结合的方法，分析得出影响城市社区抗逆力水平的主要因素有物理因素、制度因素、经济因素和人口因素。结合各主成分得分情况，可获知研究社区在物理因素、制度因素、经济因素和人口因素各主成分的得分情况，可获知社区抗逆力影响因素中物理因素的得分最高，经济因素、人口因素和制度因素依次排在第二位、第三位、第四位。从物理因素来看，城市社区的居住建筑大多数采用钢筋混凝土结构，因此应对洪水的能力较强；从经济因素来看，红旗区是新乡市政治经济中心，工商业企业所创造的社会经济效益相对较好，在此次洪灾应对中发挥了重要作用；人口因素对洪灾抗逆力影响效果并不突出；制度因素得分最低。在对社区居民进行访谈时发现，政府采用手机短信的方式向公众发送的灾害预警并不足以引起公众对洪水灾害的关注；在对社区管理组织的访谈中获知，社区尺度的洪水灾害宣传教育不足，应急演练缺失，这是造成制度方面得分最低的重要原因。

（3）从个体特征视角对抗逆力进行深入分析可见，性别、年龄、受教育程度和职业对个体抗逆力皆有不同程度的影响。从性别上说，男性抗逆力水平高于女性；从年龄上说，抗逆力水平随着人的年龄的增长呈现出“高—低—高”的总体趋势；从受教育程度来说，抗逆力水平与受教育程度呈现正相关关系；从职业划分来说，学生抗逆力水平最高。

（4）相关分析法和主成分分析法是变量缩减的一个有效组合方法，相关分析法可以辨别各个潜在变量之间的相关程度，采用随机的方式保留强相关变量中的一个，保留了原始数据信息的同时消除了变量之间多重共线性的问题。

第 9 章　防洪减灾策略

防洪减灾体系是防止或减轻洪水灾害损失的各种手段和对策。一般来说，防洪减灾体系包括工程措施和非工程措施（张渝，2015）。常规的防洪工程措施主要包括河道、堤防、水库、蓄滞洪区、湖泊、拦河闸等。工程措施对洪水的作用主要体现在以下 3 个方面：①挡，也就是运用工程措施将洪水挡住，以保护承灾体免受洪水的侵袭。例如，修筑河堤，以防治河水的泛滥；修筑海堤和挡潮闸，以防治海浪的侵袭等；②泄，主要是增加河道泄洪能力，如修筑堤防、开辟分洪道、整治河道等；③蓄，即利用水库、蓄滞洪区和湖泊等来拦蓄（滞）洪水，削减洪峰，为下游减少防洪负担。非工程措施通过对全社会的防洪减灾管理，如水文气象测报系统、防汛通信系统及防洪法规等，主要为防洪工程运行、调度、管理、保护等服务，并且调控洪水危险地区的社会和经济发展，发布灾害警报，施行救灾社会保障，推行公民防灾教育等，有效地减免灾害。它主要包括辅助防洪减灾工程措施、灾害风险区管理、救灾保障体系和加强公民教育 4 个方面。辅助防洪减灾工程措施是指辅助防洪工程措施更好地发挥防洪功能，提高防洪效益的措施，主要包括洪水预报、防洪调度、决策支持等；灾害风险区管理就是对易灾地区的社会和经济活动实行控制性管理，通过法律法规来规范社会行为，使灾害高风险区的社会经济活动向低风险区转移，以达到减免灾害损失的目的；救灾保障体系的目的是帮助和促进受灾的群众和企业及时有效地恢复生活和生产，减轻灾害对家庭和社会造成的影响，是一项必不可少的措施，应属于社会保障体系的范畴；加强公民教育是指政府或社会组织对公民进行防灾减灾教育，主要通过不同的媒体介质，开展丰富多彩、形式多样的防灾减灾科普宣传教育活动，使社会公众的防灾减灾意识得到提升，自救互救技能得到增强，社会防灾减灾能力进一步加强。大量的研究和事实证明，防洪减灾体系中的工程措施在洪水灾害的防御中发挥了重要作用（林泽新，2002；王先达，2003）。但洪水灾害具有自然和社会双重属性，因此应在提高工程防洪能力的同时，加强对防洪减灾非工程措施的研究和应用（李坤刚，2004；刘国纬，2003）。

本章的主要目的是，从区域、山区乡村和城市社区 3 个不同的尺度提出防洪减灾非工程措施方面的相关对策和建议。具体对策和建议如下：完善与优化河南省防洪减灾应急管理体系；降低农村居民洪灾社会脆弱性，提高洪灾风险防范与应对能力；增强城市社区的洪灾抗逆力。

9.1　完善与优化河南省防洪减灾应急管理体系

9.1.1　防洪减灾应急管理体系建设的必要性

1．降水变化加大了洪灾出现的概率，威胁群众的生命和财产安全

全球气候变暖已成为不争的事实，气候变暖将会导致极端天气的增多，从而致使洪涝灾害发生的频率和强度不断攀升。河南省总体来说是一个缺水的省份，人均水资源占有量仅为全国的 1/5。顾万龙等（2010）的研究表明，1956～2007 年河南省年降水总量和水资源总量呈减少趋势。但这并不能说明河南省发生洪水灾害的趋势也在下降，相反由于极端天气的增多，洪涝灾害出现的频率增大（Xu et al.，2009；孙建奇和敖娟，2013；吴佳等，2015）。河南省洪水灾害的发生大多数是由极端降水天气引起的。刘德林（2011）利用河南省 1951～2008 年的降水资料，以郑州市为例对河南省降水量的年变化趋势、年分配规律和降水的突变性进行研究，结果发现郑州市降水量年内分配十分不均，主要集中在 6～9 月，其中 7 月的降水量所占比例最大（刘德林，2011），极大地增加了洪水灾害出现的概率。此外，李军玲等（2010）通过 RS 和 GIS 技术对河南省的洪涝灾害风险进行评估，发现信阳、驻马店、周口大部分地区发生洪涝的风险比较大，黄河流域的焦作、郑州、开封、安阳、濮阳的部分地区发生洪涝的风险也较大，其他地区不大可能发生洪涝，特别是三门峡、洛阳、济源及南阳北部发生洪涝的概率很小。

2．创建防洪减灾应急管理体系能够有效地应对洪水灾害

公共安全管理领域对突发事件管理展开了大量的研究。通过理论研究、实践探索和案例总结，证明了灾害应急管理体系在突发事件应对中的有效性。联合国前秘书长安南在 1999 年 7 月联合国国际减灾十年活动论坛开幕式上强调，“我们面对的是一个反常的世界，尽管国际减灾十年委员会及其合作者们做了诸多努力，自然灾害的数量和造成的损失仍在继续增长。无论如何，我们必须改变观念，要从灾后反应变为灾前防御。灾前防御不仅比救助更人道，而且也更经济。我们不要忘记，灾害防御是一项极其迫切的工作，它的重要性并不亚于降低战争风险”（金磊，2000）。同样的，面对日趋增多的洪水灾害的威胁，被动式的抗洪救灾远远不能满足目前的要求，这需要我们更加注重灾前的防御性工作。这里的防御性工作不但是指增加防洪工程设施的数量和提高防洪工程的抗灾标准，而且是指要构造和建设有效的应急管理体系。

例如，1984 年美国密苏里州特兰布尔发生了一次大的洪水灾害，这次洪水灾

害的应对过程充分说明了应急管理体系建设的重要性。“当洪水来临，地方警察署、商会、红十字会等机构分别积极行动，但结果并不理想，原因是存在大量重复工作，甚至引发部门矛盾。例如，面对洪水，警力迅速回到总部，并着手清除街头道路上的障碍，结果与联邦应急管理部门继续疏散的指示相违背；用船和直升机抢救滞留人员，结果安置到错误的避难所”（秦波和田卉，2012）。这种缺少统一领导、缺少信息交流和沟通、缺乏任务协调和有效运作机制、“单打独斗”的灾害应对方式存在着巨大的缺陷。因此，要想科学、有效、快速地应对突发事件，必须建立有效的突发事件应急管理体系。

然而，目前我国大部分地区对洪涝灾害的应对主要依赖于工程设施建设等技术手段，长期存在着手段单一、缺乏协调机制等问题。尽管部分地区已认识到仅靠工程手段难以全面、有效地应对洪水灾害，且已着手构建防洪减灾应急管理体系，但尚处于起步阶段，法制尚不完善、体制尚不健全、运行机制尚不通顺，洪水灾害相关的应急预案也存在一定的问题。因此，应建立一套包括洪水灾害的减除、预防、应对、恢复在内的综合性、全周期的洪涝灾害应急管理体系，充分利用一切可以利用的力量，在洪水灾害发生时能够迅速控制洪水灾害的发展，尽快营救、疏散居民，控制灾情，将洪水灾害的影响降至最低，将损失减到最小，最大限度地保障国家和人民群众的生命与财产安全。

3．防洪减灾应急管理体系建设可以促进整个应急管理体系的完善

在2003年取得抗击重症急性呼吸综合征（SARS）的胜利之后，我国的应急管理体系建设工作随之起步，并于当年11月成立了应急预案工作小组，重点推动突发事件应急预案编制工作和应急体制、机制、法制（简称“一案三制”）的建设工作。2004年，国家总体应急预案和专项、部门预案的编制工作取得重大进展。与此同时，国家进一步提出，要建立健全社会预警体系，形成统一指挥、功能齐全、反应灵敏、运转高效的应急机制，提高保障公共安全和处置突发事件的能力。2005年，国家全面推进应急管理体系“一案三制”建设。2006年，国家开始全面加强应急能力建设。2007年，国家应急管理工作向纵深推进，夯实基础。在应急管理工作不断夯实基础的前提下，党的十七大提出，“要完善突发事件应急管理机制”，为后继工作的开展明确了重点与方向。经过多年的努力，我国已经在全社会范围内初步建立起国家应急管理体系，但与发达国家的应急管理水平和广大人民群众的要求相比，我国的应急管理体系还需要进一步地改进与完善（周玲，2008）。地方应急管理体系的建设也需要进一步加强。

开展防洪减灾应急管理体系的建设与创新研究，一方面，可为河南省洪水灾害的灾前预防、灾中应对和灾后恢复提供依据和指导；另一方面，可以以防洪减灾应急管理体系建设为抓手，推动河南省突发事件综合应急管理体系的建设。目

前，河南省正在建设面向特定突发事件的应急管理体系，每个应急管理体系都有相应的人力、物力和技术平台。这种针对特定突发事件建立应急管理体系的方式会造成重复建设，而且在发生重大突发事件、次生突发事件时容易造成沟通和协调障碍。以防洪减灾应急管理体系建设为抓手，整合资源，建设河南省综合应急管理体系，可以实现资源与信息共享，从而在更短的时间内响应各种突发事件。

9.1.2　河南省防洪减灾应急管理体系情况

目前，河南省整个应急管理体系情况如下：①应急预案体系已初步形成，覆盖面不断扩大；②应急管理组织体系已逐步健全，组建了河南省应急管理办公室，成立了河南省应急管理专家组，所有省辖市和县（市、区）均成立了应急管理领导机构，大部分省辖市成立了应急办事机构等；③应急机制和法制逐步完善，以统一指挥为前提、各级预案联动为保障，整合和利用全省资源，跨地区、跨系统、跨部门的应急资源共享联动机制正在形成；④应急保障能力得到增强。其中，抗洪抢险的应急装备和物资储备得到了重点加强。

河南省防洪减灾应急管理体系情况如下。

（1）管理机构建设情况。河南省防汛工作实行行政首长负责制，已设立防汛抗旱指挥部和防汛抗旱办事机构。县级以上地方人民政府也已设立防汛指挥机构，负责本行政区域内的防汛突发事件应对工作。部分乡镇也组建了指挥和办事机构，基本形成了层次清晰、覆盖全省的防汛指挥体系。

（2）应急预案编制情况。河南省防洪减灾应急预案体系初步形成。例如，制订了各类防汛抗旱应急预案，河道、水库、蓄滞洪区防洪预案，山洪灾害防御预案等，以及与这些预案相关的编制细则、管理规范等配套文件，如颁布了《河南省实施〈中华人民共和国水法〉办法》《河南省实施〈中华人民共和国防洪法〉办法》《河南省黄河防汛条例》等，为依法科学防汛提供了依据。

（3）应急队伍情况组建情况。河南省建立了以武警河南省防汛抗旱抢险突击队、河南省水下救助抢险队和 5 支省级防汛机动抢险队为骨干的专业、群防队伍相结合的防汛抢险组织体系。

（4）监测预警与应急指挥平台。目前，河南省已初步建立包括水雨情信息系统、防汛抗旱信息处理系统、洪涝灾情上报系统、工情险情异地会商系统、可视化预案和可视化防汛指挥决策支持系统的防洪减灾监测预警系统。该系统上联国家防汛抗旱总指挥部办公室、流域相关机构，下通市、县和 413 个山丘区重点乡镇，拥有 4 000 多处雨、水、墒情监测站的防汛抗旱指挥系统。河南省建成了涵盖山丘区 79 个县（市、区）、819 个乡镇、10 811 个行政村的山洪灾害监测预警系统（张渝，2015）。

（5）应急资金保障情况。在河南省人民政府印发的《河南省 2016 年防汛抗旱工作方案》中指出："各级要按照'分级管理、分级负责'的原则，将正常防汛抗旱经费纳入财政预算，保障防汛抗旱工作正常开展。要多渠道筹措资金，加快河道治理、水库和水闸除险加固、山洪灾害防治、蓄滞洪区安全建设和抗旱水源等防洪抗旱工程建设，提高抗御灾害能力。要按照《河南省山洪灾害监测预警系统运行维护管理办法（试行）》要求，切实落实山洪灾害监测预警系统运行维护经费，确保系统稳定高效运行。"

（6）应急通信保障能力明显提高。仍以河南省黄河河务局为例，黄河河务局已建立了覆盖沿黄河 6 市的由多种通信手段组成的综合性的黄河专用通信网。整合河南省现有的信息通信等资源，初步建立以无线通信、有线通信、图像监控、计算机网络应用和综合保障 5 大技术系统为依托的应急指挥平台，初步实现无线通信指挥、有线指挥调度、社会公共区域监控和各类信息资源共享等功能。黄河防汛应急通信保障由黄河通信网、公用通信网及部队通信网 3 方共同承担，相互支持、相互补充、相互完善，三方遵循一切服从防汛、一切服从险情需要的原则，确保通信畅通。

9.1.3　河南省防洪减灾应急体系的薄弱环节

河南省防洪减灾应急体系建设虽然取得了巨大的成绩，但由于河南省应急管理的规范化、制度化和法制化建设刚刚起步，目前还存在着诸多薄弱环节，现概述如下。

1）预案体系需要完善

虽然河南省已编制了一些防洪减灾应急预案，但"横向到边、纵向到底"的应急预案体系尚未形成；应急预案修订任务艰巨，内容还需进一步补充、细化，增强可操作性；预案演练缺乏统一规划、指导、监督和评估机制。

2）管理体制需要加强

河南省一些地方和部门对应急管理工作的认识有待进一步提高。应急管理机构不完善，基层应急办事机构力量薄弱。政府应急管理机构与各专项应急指挥机构的关系尚待进一步理顺，职能划分有待进一步明确。

3）运行机制需要健全

河南省防洪减灾应急体系中信息、人员、物资等资源的快速集成能力不足，各应急管理机构之间的协调联动机制需进一步磨合；应急处置与日常管理有脱节现象，高效的应急组织管理体系和规范、协调、有序的长效机制尚未建立。

4）队伍建设亟待加强

河南省防洪减灾应急体系中专业抢险队数量和装备不足，布局不合理；应急管理人才匮乏，应急科研力量薄弱，专家队伍需要加强；专业培训演练基础条件欠缺，人员专业素养、技术水平和实战能力有待提高；群防队伍人员数量不确定，抢险技术和应对能力无保障性，其保障能力和培训力度有待加强。

5）保障能力有待加强

河南省应急体系建设投资渠道单一，资金不足；应急资源缺乏与重复建设、闲置浪费问题并存，应急资源难以共享；综合应急物资管理信息网络尚未形成，生产储备、实物储备、社会储备缺乏统筹管理；紧急生产、更新轮换、调度管理、余缺调剂等制度不健全；无线通信网络覆盖不足，现场应急机动通信保障和信息获取能力差，指挥协调困难，无线通信网络亟须扩大覆盖范围，河南省应急移动通信设施建设亟待加强等。

6）监测手段有待改进

河南省有些地区小型水库的信息观测与采集基础设施比较薄弱，依然依靠人工观测，与水文自动化的要求相差甚远；信息采集主要使用传统的仪器设备，其信息量、实用性、可靠性都不能很好地满足水文资料收集、洪水预报、防洪指挥决策等工作的需要，并且大部分采集设备超期服役、严重老化，综合预警能力需要加强。

7）社会参与程度需要提高

河南省社会公众的防洪减灾意识不强，自救互救能力弱，应急知识、法律法规的宣传教育亟待加强，风险沟通机制尚待建立；企事业单位专兼职防洪减灾应急队伍、志愿者队伍等社会力量参与洪水灾害预防和处置机制尚未形成。

9.1.4　应急管理的生命周期理论及河南省防洪减灾应急管理体系的完善与优化

河南省地跨长江、黄河、海河和淮河四大流域，流域总面积为16.7万km^2，加上近年来极端降水天气的增加，加剧了河南省洪涝灾害的严重程度。尽管河南省的防洪减灾体系建设已取得了巨大的成就，但目前还存在着一些薄弱环节，这就需要继续优化、完善，为洪水灾害的管理与应对提供更充分有力的保障。如何优化、完善河南省的防洪减灾应急管理体系呢？这就需要有一条完整的主线来指导和组织整个应急管理体系的建设。本章以突发事件和应急管理的周期理论为指导思路，探讨如何建立、优化和完善河南省的防洪减灾应急管理体系。

1．应急管理的生命周期理论

随着应急管理研究内容的深入和人们对应急管理认识的不断加强，应急管理关口不断前移，涵盖的内容逐渐完善。到目前为止，其研究的内容已基本涵盖突发事件管理与应对的整个过程，并形成了很多理论框架模型。在众多的理论模型中，生命周期理论是在应急管理体系建设研究中应用较为广泛的一个理论模型，该模型将突发事件的应急管理过程分为灾害减除、灾害准备、灾害应对和灾害恢复 4 个阶段（夏保成和张平吾，2011）。

现将各阶段的主要工作内容简介如下。

1）灾害减除

灾害减除阶段的主要工作内容是风险评估与风险治理，即在灾害爆发前就加以预防，对辖区内存在的各种风险进行评估，找出可能导致灾害的诱因，并采取相应的措施将该风险尽可能早地解决。

2）灾害准备

灾害准备阶段的主要工作内容是根据设定的不同灾害情景编制应急预案，并对预案里面涉及的组织机构、人员和物资等进行设置、建立和储备，并建立相应的应急预案运行机制。

3）灾害应对

灾害应对阶段的主要任务是应对即将到来的灾害，具体内容包括监测与预警、预案的启动、信息的收集、报送与发布、群众的撤离与保护等。

4）灾害恢复

灾害恢复阶段的主要任务是帮助受灾群体恢复到事件发生前的状态，具体工作内容不仅包括恢复经济损失，还包括恢复人的精神面貌和社会力量。同时，该阶段要总结经验教训，避免重蹈覆辙。

2. 河南省防洪减灾应急管理体系的完善与优化

以生命周期理论为结构框架，结合各阶段的主要工作内容讨论如何优化与完善河南省的防洪减灾应急管理体系。

1）灾害减除阶段的完善与优化

科学应急管理的第一步是将灾害消灭在萌芽状态，要做到灾害的不发生或者发生的概率降低，就需要在灾害发生前对其进行风险评估，然后采取相应的措施加以预防。因此，在灾害减除阶段，防洪减灾应急管理体系建设的主要内容是风险评估体系的建设。具体内容与建设过程如下。

（1）建立洪水灾害风险评估组织和风险评估督查机构。根据各辖区实际情况，建立省、市、县、乡、村不同层级的风险评估和督查组织/机构，提高对风险评估重要性的认识程度，加大风险排查力度。

（2）制订洪水风险排查方案，定期开展区域洪水风险评估工作。各辖区根据自身的地理环境和洪水灾害发生的特点，定期进行风险排查工作。如有必要，上级可以用文件、制度等方式规定排查的范围、频率和方式等，对不按要求或执行得好的地区进行处罚或表扬奖励等促进该项工作的顺利开展。

（3）分析洪水灾害风险评估结果，有针对性地提出整改意见并落实。整改工作应坚持“谁主管、谁负责”的原则，直接管理单位为第一责任人。对可在短时期完成整改的，立即采取有效措施消除风险隐患；对情况复杂、短期内难以整改的，制订切实可行的整改方案和应对预案，落实整改措施、责任人和整改期限等，防范洪水灾害的发生。

（4）公布洪水风险评估结果，绘制洪水灾害风险图。将洪水灾害评估结果告知公众，并有针对性地对公众进行宣传、教育、培训，必要时开展洪水灾害的应急演练，提高群众的参与度。

2）灾害准备阶段的完善与优化

灾害减除工作虽然可以降低洪水灾害发生的概率，但并不能完全阻止洪水灾害的发生。因此，在洪水灾害发生之前还要做好充分的应急准备工作。在灾害准备阶段，防洪减灾应急管理体系建设的主要内容包括“一案三制”、应急保障能力（队伍、物资、资金）、应急培训教育体系和应急管理系统的建设 4 个主要方面。现分述如下。

（1）完善应急预案体系、规划编制过程、加大演习演练力度，提高防洪减灾应急预案的可操作性。首先，河南省尚未建立“横向到边、纵向到底”的应急预案体系。因此，在注重顶层设计的前提下，继续编制不同地区、不同类型、不同部门和不同情景下相关的应急预案，进一步加强河南省防洪减灾预案体系的建设。其次，目前河南省部分防洪减灾应急预案未能充分体现逐级细化的特征，没有进行实际的风险分析，存在“照抄照搬”“上下一般粗”的现象。因此，应该进一步规划编制过程，严格按照应急预案的编制规范和要求进行应急预案的编制工作，进一步细化、补充内容，定期进行应急预案的演习演练和修订工作，以提高应急预案的可操作性。最后，应重视疏散撤离预案的编制与演习演练工作，加强对群众自救互救能力和逃生能力的培养。

（2）加强组织领导、推进制度建设、完善制度保障。首先，根据《国家突发公共事件总体应急预案》《国家防汛抗旱应急预案》《河南省突发公共事件总体应急预案》的要求，贯彻落实“统一领导、综合协调、分类管理、分级负责、属地管理为主”的应急管理体制；完善省、市、县三级应急管理组织体系；建立由领导机构、办事机构和工作机构组成的防洪减灾应急管理组织体系；建立并强化防洪减灾应急管理行政领导负责制和责任追究制；各地市建立以水利部黄河水利委员会牵头，各相关部门通力协作的工作机制，确保应急体系建设工作顺利进行。其次，大力开展《中华人民共和国水法》《中华人民共和国防洪法》《中华人民共和国防汛条例》等现有相关法律、法规的学习和宣传工作。从法律上确定各级政府、有关组织和个人在防洪减灾应急体系建设中的责任和义务，推动防洪减灾应急管理工作的法制化进程。最后，依照国家的有关法律法规，紧密结合防洪减灾的特点，建立并完善防洪减灾会商制度、防汛工作检查制度、洪涝灾害核查统计制度、防汛信息发布制度、防汛值班制度等制度体系和实施细则。

（3）建立健全运行机制。第一，强化防洪减灾应急领导机构的统一指挥、统一协调职能。第二，加强防洪减灾应急办事机构的值守应急、信息汇总和综合协调职能，发挥运转枢纽的作用。第三，加强各级政府应急管理机构与防洪减灾应急指挥机构的协调联动，积极推动资源整合和信息共享。第四，建立健全洪水灾害的风险防范、应急准备、社会动员、宣传教育、预测预警、信息报告、信息研判、先期处置、快速评估、决策指挥、协调联动、信息发布、应急保障、恢复重建、调查评估、责任追究等机制。第五，建立与周边省份的信息通报、联动和互助机制。

（4）加强应急救援队伍建设、增加物资储备、扩大资金来源，逐步提高防洪减灾的应急保障能力。首先，根据实际情况，省、市、县各级政府分别建立一定数量、一定规模的专业抢险队伍，加强抢险人员的培训和演习演练工作，不断提高抢险队伍的专业素养、技术水平和实战能力；充分利用和发挥社会救援力量的作用，积极探索社会力量参与的群防队伍模式，最终形成专业抢险队伍、群防队伍和武警部队相结合的防洪减灾应急救援队伍。其次，政府部门在增加防洪减灾应急物资储备的同时，应大力发展社会应急物资储备；在加强实物储备的同时，应重视合同储备和生产能力储备等形式，健全应急物资储备更新、损耗轮换的补偿政策；合理规划现有各类应急物资储备布局，整合实物应急物资储备资源，合理确定应急物资储备种类、方式和数量，形成覆盖各类突发公共事件的应急物资保障和储备体系；加强对各类抢险应急物资的综合动态管理，提高统一调配能力[①]。最后，积极探索以政府投资为主，多种形式吸纳社会资金的工作机制，开源节流，解决应急抢险救援队伍和应急物资的经费保障问题[②]。

（5）完善宣传教育培训体系。各辖区要根据自己的实际情况，建立与完善宣传培训教育体系，确定宣传教育培训的主体、培训的对象、培训的方法与培训的内容。针对不同的对象，设置不同的教育方法和内容。首先，对应急管理人员进行培训主要是让他们了解国内外应急管理的理念和发展趋势，熟悉所在区域应急工作的预案、体制、机制和法制，以及相关的法律法规，提高他们的应急意识、应

---

①《中华人民共和国突发事件应对法》第三十二条规定：“国家建立健全应急物资储备保障制度，完善重要应急物资的监管、生产、储备、调拨和紧急配送体系。设区的市级以上人民政府和突发事件易发、多发地区的县级人民政府应当建立应急救援物资、生活必需品和应急处置装备的储备制度。县级以上地方各级人民政府应当根据本地区的实际情况，与有关企业签订协议，保障应急救援物资、生活必需品和应急处置装备的生产、供给。”

②《中华人民共和国突发事件应对法》第三十四条规定：“国家鼓励公民、法人和其他组织为人民政府应对突发事件工作提供物资、资金、技术支持和捐赠。”第三十五条规定：“国家发展保险事业，建立国家财政支持的巨灾风险保险体系，并鼓励单位和公民参加保险。”

急管理能力和应急决策能力。其次，对应急工作人员和应急救援人员进行培训的主要目的是让他们熟悉应对洪水灾害的工作内容及工作流程，提高他们的专业素养、技术水平和实战能力。最后，对公众进行培训的主要目的是提高他们的风险意识，使其了解相关的应急知识和一定的法律法规，掌握一定的技能（如基本的防灾自救、互救和逃生的知识和技能），提高人民群众现场应对和逃生能力。

（6）应急管理系统建设是应急管理体系建设的重要内容，它主要包括监测与预警系统、决策与指挥系统、信息采集与上报系统、信息保障系统等几大部分。鉴于应急管理系统的重要性及其硬件特征，应该加大在系统建设上的投入，确保其应急作用的充分发挥。

3）灾害应对阶段的完善与优化

灾害应对是应急管理生命周期的第三个阶段，也是传统意义上应急管理的主要内容。它是将应急准备阶段中所做的工作按照事先规定的机制与流程付诸实施的过程。在灾害应对过程中，要注意逐级介入和生命优先的原则。灾害应对阶段可从以下方面进行完善与优化。

（1）密切监测灾情变化，及时发布预警信息。当专业部门监测到洪水灾情时，要及时通过各种途径（广播、电视、电话、网络等）将洪水灾害可能发生的时间、规模、后果等告知可能受影响的群众和相关部门，以提前做好准备。因此，灾害应对阶段要加大灾情监测投入，改善风险监测手段、方法和设备；要建立完善的预警发布系统和相关的机制。

（2）及时启动应急预案，构建临时应急体系。洪涝灾害一旦发生，应及时启动应急预案，并按照相应级别构建临时管理体系。在紧急情况下，相关部门的很多人将发挥新的功能，需要一个新的、不同于平时的行政权力结构。否则，很难快速分配任务，一线的工作人员也无法把消息上报给上级部门，部门间协调也可能存在问题（秦波和田卉，2012）。

（3）迅速收集灾情信息，快速开展先期处置。应急信息是突发事件决策和处理的重要依据，但突发事件的突发性、紧急性和不确定性等特点，会导致突发事件信息的获取量非常有限，这就需要建立一个应急信息管理中心。一旦洪涝灾害爆发，专业人员应凭借其专业知识和空间分析能力，发挥收集灾害数据、生成有效信息、提出决策建议等重要功能，帮助应急管理中心遏制灾情。在洪涝灾害期间，要及时控制水情、疏散受灾人员，打通与外界联系的路径，在第一时间与救援人员取得联系，保证救援人员、物资的及时到达和合理配置。当水情得到控制，工作重点就转移到对受灾人员的安置和救助上。根据实际情况，要帮助决策者制订安全转移受灾人员的方案，并及时公布，征求受灾群众的意见（秦波和田卉，2012）。

（4）建立信息统一发布机制，及时主动发布信息。及时主动地发布相关信息是突发事件应对过程中必不可少的环节。目前，有不少政府工作人员由于种种原因，还没有意识到信息发布的重要性。因此，政府应该建立汛情、处置和应对等应急信息统一发布机制，及时主动地发布相关信息，让群众及时了解灾情的变化、政府采取的应对措施、灾民安置及受损情况等一系列的问题。建立统一发布机制，及时主动发布信息，一方面，可以杜绝虚假信息的传播；另一方面，可以缓解社会群众的情绪，有助于抗洪救灾工作的顺利进行。

4）灾害恢复阶段的完善与优化

灾害恢复是解决突发事件所造成的人员财产损失所必需的，也是应急管理工作的重要一环，但是灾害恢复工作主要不由应急管理相关部门承担。因此，从大的方面来说，灾害恢复阶段的完善与优化要注意以下两点。

（1）重视依法进行灾害恢复。灾害恢复工作不同于常规性的建设工作，不仅需要遵循一般性的法律法规，而且必须遵循针对特定突发事件的灾害恢复制定的特定法规和政策，因此灾害恢复机制必须把合法性放在首要位置。

（2）重视灾害恢复与灾害应对之间的衔接。在实际工作中，灾害应对与灾害恢复两个阶段之间没有明显的时间界限，一定程度上是相互交叠的。但是因为灾害应对与灾害恢复由不同的组织负责，所以二者之间必然有着工作上的交接和过渡。因此，政府应建立灾害应对和灾害恢复之间的无缝隙衔接机制。

从具体工作来说，首先，要清理洪水灾害中损坏的各种设施，洪水淹没区毁坏的物品和房屋残骸；其次，要积极开展恢复工作，如为受灾人群提供临时住所，并开展住房、大型基础设施的修建等工作；最后，要根据灾害损失情况对群众进行救助补偿，尽量将突发事件对群众的影响和损害降到最低程度。

除此之外，总结经验教训和进行责任督查是该阶段的另一项重要任务。相关部门要认真总结灾害发生的原因及应对过程中的优势和不足之处，为下次灾害的到来做好充分的准备；同时，相关部门要对相关责任进行督查，对各部门防汛抗涝工作情况进行监督、检查和通报，对事故责任进行追究。

9.1.5　建议总结

（1）以应急管理的生命周期理论为框架依据来优化完善河南省的防洪减灾应急管理体系建设。

（2）在灾害减除阶段，重点是建立洪水灾害的风险评估组织和风险评估督查机构，切实做好洪水灾害的风险排查和整改工作，做好防洪减灾城市规划。

（3）在灾害预防阶段，重点完善防洪减灾预案、体制、机制和法制的建设；加大应急队伍、应急物资的保障力度；加强应急培训教育体系和应急管理系统的建设。

（4）在灾害应对阶段，重点是预警信息的发布，应急预案的启动，信息的收集、上报与发布，以及与公众的风险沟通。

（5）在灾害恢复阶段，重点是灾民的安置和救助补助，以及经验的总结和责任的追究。同时，要注意依法重建，重视恢复重建与灾害应对之间的衔接。

9.2 降低农村居民洪灾社会脆弱性，提高洪灾风险防范与应对能力

农户洪灾社会脆弱性，一方面取决于洪灾发生的频率和强度，另一方面取决于农户面对洪灾的暴露度、敏感性和应对灾害的能力。目前，尚无法准确预测和有效控制洪灾风险发生的频率和强度。降低洪灾社会脆弱性较为有效的措施是降低农户对灾害的暴露度，提高农户对灾害的敏感性和灾害发生后的恢复能力。就洪灾社会脆弱性较高的地区而言，洪灾直接威胁着农户的生产和生活，使其生活水平下降且恢复困难。同时，农户是采取减灾措施的主体，减灾措施的推行能否达到预期效果，取决于农户对减灾措施的态度。因此，降低农户洪灾社会脆弱性，提高应对能力，是脆弱性研究的价值所在。通过实证研究，以具有代表性的地区为研究区域，根据其现实情况，结合理论研究成果，对降低农户洪灾社会脆弱性提出了以下减灾措施与建议。

9.2.1 提高农村居民灾害感知能力

研究发现，灾害感知能力是影响农户洪灾社会脆弱性最重要的因素。提高民众灾害认知的正确性和主动性，引导农户积极参与的态度，提升农户灾害应对的能力，是提高整体灾害感知能力的有效途径。因此，为切实有效地改变民众灾害感知能力低下的现状，提高洪灾应对能力，建议采取以下措施。

1. 加强教育力度，提高农民的灾害认知水平

基于本书的研究，发现农户对灾害的认知水平较低，这主要是因为政府部门对农民的防灾减灾教育不够重视，以及农户受历史、教育程度、生活习惯等方面的影响。鉴于此，建立和完善防洪减灾宣传教育体系，加强对农民灾害认知的教育和引导是改善上述问题的重要途径。首先，在今后的洪水灾害预防与应对教育中，有关部门可从灾害知识理论教育出发，丰富教育手段，完善教育内容，将各类常发灾害的概念、成因、特点、危害及逃生方式等列入灾害教育范围，从而系统、有针对性地向农户宣传本地区常发灾害的知识。其次，教育内容要同农户所经历的实际情况相结合，有所侧重地开展洪灾防御与治理的教育培训活动，教育方式要丰富多样并有激励性，如设置奖励措施、开展知识问答竞赛等，促使农户主动学习、正确学习，提升农户灾害知识的知晓度和抗灾知识的熟

练度，以加强农户对灾害相关知识的认知水平，从而改变目前灾害认知水平较差的状况。

2．注重宣传引导，转变农民的抗灾减灾态度

鉴于农户较为消极的抗灾态度，政府及相关部门需要从根本入手，注重宣传引导，帮助农户转变对抗灾减灾的态度。首先，结合灾害知识教育与培训的推广，政府、灾害防治部门及社会组织应构建全方位的信息与政策的传播渠道，大力宣传灾害防治、应对的重要性，改变农户传统落后的消极抗灾观念，让农户知道灾害可防可治，引导其形成科学正确的灾害观念和积极的防灾抗灾态度。其次，政府相关部门应主动架起与农户沟通的桥梁，公开政府行为，公示物资流向，注重政府抗灾减灾过程的透明性、互动性和开放性，使农户相信政府，从而以一个正面积极的政府形象构建科学合理、积极互惠的防灾关系，引导农户形成积极主动的态度，树立与大自然和谐相处、对自己生命和未来负责的正确灾害观。

3．善用演习实践，提升抗灾减灾行为的合理性与妥当性

农户抗灾减灾行为是确保灾害预防和救助工作有效运转、保障系统有效运行的重要一环。农户作为灾害中的主要承灾体，提高其行为的合理性和妥当性是保证防灾救灾工作可靠性和可行性的实际步骤。首先，相关部门应重视农户个体防灾减灾行为能力的提高。例如，可通过技能培训及逃生演练等方式锻炼农户面对灾害时的应对能力，帮助其学习更为科学合理的抗灾减灾技能。其次，相关部门应加大对承担防灾、抗灾、救灾工作的专业人员的培训投入及技能提升，充分运用优势群体的带动作用，发挥专业人员的体能优势和认知特长来帮扶广大普通农户，提升其抗灾减灾能力，提高行动效率，以此保证个体抗灾减灾行为的妥当性和科学性，从而带动整体灾害应对行为水平的提高。

9.2.2　降低农户洪灾暴露度

洪灾的强度大和频率高是导致农户洪灾社会脆弱性较高的重要因素，但因技术水平所限，尚无法准确预测和有效控制洪灾发生的频率和强度，因此降低洪灾不利影响较为有效的措施是降低农户面对灾害的暴露度。但在研究中发现，本书所研究区域的农户暴露度较高依然是影响农户洪灾社会脆弱性的重要因素，具体体现在村庄建设不科学（或依山而建，或距河较近）、防洪水利工程建设薄弱、灾害信息传播渠道不畅通，以及地区生态环境被破坏、水土流失严重等。针对上述问题，提出了以下建议。

1. 开展灾害风险评估，加大风险规避力度

灾害风险评估是灾害防治中不可或缺的环节，相关机构应当注重对村庄规划及实施建设的项目进行灾害风险性论证，对灾害的发生、分布规律，以及不同行业遭受的灾害种类、受灾影响程度和防灾与救灾措施等方面进行科学的灾害风险评估，依据科学的评价数据，帮助本地区进行以规避风险为主的村庄规划，建筑设计，住房建设、使用、维护及搬迁等工作。例如，选择地势较高的地区建房，生产活动也尽量远离河道，避免农户在区域内盲目发展生产等，形成地区发展与灾害防治互为补充的最优化设计，进而降低承灾体的暴露度，创造最适宜的居住环境。

2. 加强易涝地区基本防洪水利工程建设

防洪水利工程主要是指防洪沟渠建设、河道疏通工程等，是保护农户免受洪灾侵袭的重要屏障。若防洪水利设施不完善，加上河道拥堵、沟渠不通，洪灾一旦发生，地表水不能排出，农户则要直面洪水侵袭；而加强防洪水利设施的建设和维护可有效降低整个村庄农户的暴露程度。因为水利工程耗费的人力物力巨大，个人及社会组织能力尚达不到，所以应以政府相关工程技术部门为主，严格按照防灾减灾规划的要求来建设或完善防洪水利工程设施，在洪灾多发季节提前疏通河道，利用河道堤防、水库等工程设施，更好地保护群众生命财产，降低农户洪灾暴露度。

3. 加强致灾因子研究与监测，重视预报信息的速达性

首先，相关监测部门应在科学研究探索导致降水变化的气候原因并总结其发生规律的基础上，提高气候预报及降水监测的准确度和针对性，为区域防洪减灾战略、洪灾快速反应机制提供科学指导。其次，要保障并拓宽群众获取相关灾害信息的渠道，除了广播、电视等大众传媒工具，相关监测部门可以通过即时性通信平台，如手机短信、微信等，将灾害预警信息准确快速地传递到民政部门并及时通知到个人，还可运用微博、微信朋友圈等新兴社会自媒体的方式发布监测信息，力求让更多的人获知相关信息，使所有有可能受到影响的群众有充足的时间做好应灾准备或尽快撤离，远离灾害威胁。

4. 加强农村生态环境建设与水土保持工作

地区生态环境质量对洪水灾害的影响具有一定的放大和缓冲作用，良好的生态环境既可起到降低暴露度、增强农民生产生活稳定性的屏障作用，又可起到绿色水库的作用。在区域生态环境恢复与建设政策的宏观指导下，首先，可在人口较少的山坡上科学造林，营造山地水源涵养林区，提高植被覆盖率和森林覆盖率。

其次，在较繁荣的人口聚居区，可结合农田基本建设，大力发展农田防护林和防洪护堤林，筑成抗洪防护林体系，保障农业稳定发展，从而带动整个区域内的生态环境改善，降低承灾体暴露度，促进经济发展。

9.2.3 完善政府制度体系，加强政府主导型的资源投入力度

政府在防灾减灾、灾害预警、灾害响应、恢复重建及灾民生活救助等方面有着举足轻重的主导作用，加大政府政策保障和政府主导下的全方位资源投入有助于建立健全防洪减灾保障体系，对降低减灾成本、减轻洪灾社会系统脆弱性具有推动作用。鉴于本地区灾害频发，但政府减灾防灾预案及规划缺乏，针对性、专门性救灾机构尚未完善，可行性机制缺乏及救灾资源跟不上的现状，本章提出了以下建议。

1．制定与本地区发展相宜的防灾减灾与区域发展政策规划

发挥政府在防灾减灾过程中的主导作用。首先，政府可通过专业的区域农业洪灾风险和脆弱性评估，针对不同区域的脆弱性类型和成因，制定明确的防洪减灾规划、农业发展规划等；其次，各种政策与规划的制定要充分考虑区域资源、环境的容量，从具体区域的农业资源与洪灾的发生特点出发，趋利避害，大力发展避洪耐涝农业；最后，规划多种生产经营模式，提高农民收入，适时地将农业劳动力进行非农转移，降低农户对农业收入的依赖程度，缩减灾害的影响范围。

2．构建专门的地区灾害应急管理机构

洪灾的突发性及频发性决定了当地政府必须构建统一高效的灾害应急管理专门机构。在应对和防范重大自然灾害的过程中，该职能机构既要加强与气象部门、水利部门的协作，实现信息互享互通，提高灾前信息预警的准确度，又要加强与投资部门、金融部门的协作，争取抗灾物资保障支持，还要加强与工商部门、质监部门、供销部门等的协作，保障灾后农业生产资料的供应及质量安全，从而形成合力抗灾的布局。

3．建立完善的灾害预警机制及灾害应急管理预案

针对洪灾受灾地域广、突发性强等特点，首先，要加强全天候、大面积、全方位的动态监测，努力改善监测仪器的性能，提高监测预报的准确度，在反应敏捷的信息传播系统基础上，重视灾情传播渠道的畅通与拓宽、接收与反馈，建立完善的洪灾预警机制，控制灾害蔓延。其次，根据上级自然灾害应急预案的要求编制能保证迅速有序开展应急救援行动、降低事故损失的地方性应急预案，并将责任与义务落实到单位和个人，督促各部门在灾害发生时通力合作、共同抗灾。

4．建立政府主导下的“政府、企业、市场”全方位防灾减灾资源救助体系

洪灾的防治需要众多的人力、财力和物力，各级政府有责任增加常规状态下的资源储备，作为灾害应对之需，但仅靠政府拥有的资源往往不足以应对灾害，还需要迅速征用和募集社会资源。因此，完善洪灾救助体系，应在政府的主导作用下引入企业、市场的救助理念。例如，可发挥地方龙头企业在灾害救助过程中的作用，分担政府救助压力；可健全金融部门的杠杆作用，引导相关涉农银行开展农业灾害救助专项贷款等业务，降低政府资金压力（曹海林，2010）。

9.2.4 加强经济建设，提高农民收入

研究区域的显著特点之一是贫困率过高。贫困率过高，加上境内（特别是农村）产业单一、人口老龄化、总体人口素质偏低等因素，严重影响该区防灾减灾能力。地方强有力的经济实力是抵御洪灾的重要力量，是抗灾减灾和灾后恢复、重建等工作的前提。同时，地方经济实力提高后，可加大对农民的帮扶力度，有效带动农民收入提高。鉴于此，提出以下措施。

1．注重地方经济发展，提高地方经济实力

没有与灾害相抗衡的经济实力，灾害来临时遭受灾害打击将成为必然。因此，地方要充分利用各种经济发展机遇，大力发展经济，并在提高经济发展水平的同时，注重经济、社会与环境的和谐。地方经济实力的提升可有效增强灾害的防御和抵御能力，降低灾害损失。

2．提高农户收入水平，增强农户抗灾减灾能力

制定有效的激励政策，采取扶持措施，辅以有利于农业发展的市场价格引导，充分调动农民对防洪农业投入的积极性。例如，通过农业贷款政策，鼓励农户在发展农业的同时注重提高其他非农经济收入，本着“鸡蛋不要放在同一个篮子里”的原则，增加其收入的多样化，降低灾害对农民收入的干扰力度，提高农户经济实力，进而提高农户抵御灾害并从灾害中恢复的能力。

3．增大政府对低保农户的帮扶力度

低保家庭的脆弱性非常高，抗灾能力不足，且减灾防灾意识更为薄弱，政府应注重对低保贫困农户的帮扶。首先，可进行直接的生活资助，增大对低保收入农户的补贴力度，保障其基本生活；其次，可给予发展型扶持，提供其缺少的生产要素（资本、技术、管理经验等），促使其利用当地的资源条件，依靠自身努力摆脱贫困，从而提高灾害防御意识和应对能力。

4．加大农业保险及商业保险的投保力度

提高农业保险参保率能最大限度地降低灾害带来的经济损失。调研发现，本地区农户投保单一，多为农村居民养老保险，忽视了商业财产保险、农业保险等的保障价值；而保险公司方面设置灾害保险的积极性较低，原因在于赔付金额大、灾害不可控等。针对上述问题，首先，政府可通过试点探索、完善政策体系、采取财政补贴等手段，着力解决保险公司风险过大、积极性不高等问题，同时将加强风险教育与利益导向结合起来，引导农户的保险意识，形成居安思危的保险风气，大范围推进农业保险业务的普及度。其次，各保险机构应主动与地方政府密切配合，结合惠农政策给出保险优惠条件，降低农民负担，提高农民自觉投保的可行性。最后，可通过电视媒体、互联网、报刊、社会咨询和入户宣讲等多种形式加强保险知识宣传，提高农户对农业保险的正面认知，在政府的帮助下加强农民对农业保险的认可度，提高积极性。

9.2.5　提高农村教育水平，注重人口素质的提高

调研区域农村人口的平均受教育程度偏低，且整体素质不高。农户的受教育程度与农户灾害应对能力之间存在正相关关系，只有提升农户的受教育水平和基本素质，才能使农户对灾害有更科学、更准确的认识，从而有效提高抗灾减灾能力。加强农村教育应将教育着重点集中到文明育农、科技富农上来：首先，可以通过建立政府助学制度，采取学费政府补贴、个人适当分担、企业和社会捐助的办法，减收学杂费，保证适龄学生的受教育权利，提高教育水平；其次，要在农户培训上加大财政投入，各级有关部门在安排农村科技开发经费、技术推广经费和扶贫资金时，可安排一部分用于农民教育培训，提高农民素质；最后，要吸引更多的专业技术人员加盟到科教兴村的队伍之中，把专家教授及科研人员请进来，联合县、乡两级农业、林业、水利、教育、畜牧等方面的一线科技推广者，形成一支多学科、多领域、多行业、多层次的师资队伍，成为增强农户教育与素质水平的合力（胡金雪，2010）。

9.3　增强城市社区的洪灾抗逆力

在全球气候自然环境变化和中国城镇化高速发展的社会背景下，城市社区面临多发极端降水引起的社区洪灾风险也持续增长。城市社区洪灾抗逆力，一方面取决于城市洪水灾害发生的频率和强度，另一方面取决于以社区为应灾主体的物理抗灾特性、灾害制度管理、社区经济发展状况及社区成员抵抗洪水灾害的整体能力。基于知识和科技手段发展程度的状况，尚不能高效地对自然灾害发生的强

度和频度进行控制，因此增强洪灾抗逆力成为更有效的措施。洪灾抗逆力较低的社区，面对同类同等级自然灾害时可能会造成更大的经济损失和社会损失。社区是城市洪灾应急管理的最前沿阵地，承担着前期处置的重要作用，也是国际减灾策略中的重要研究对象。通过实证研究，选取新乡市红旗区辖区内的城市社区作为城市社区洪灾抗逆力研究的代表，根据实际调查中发现的问题，结合我国灾害理论和应急管理理论，对增强城市社区抗逆力提出了如下建议。

9.3.1　完善应急制度体系，提高洪灾管理能力

1．提高公众参与度

在对各个社区的实地调研过程中发现，进达花园社区在物业管理缺失、社区成员没有组织领导的情况下，获得了街道办事处和社会力量强大的支持，最早完成灾后恢复。通过访谈深入分析获知，进达花园所属街道办事处对社区基础设施不完善、社区处于无组织管理的现状非常了解，因此在获知灾情的早期，街道办事处最大限度地协调应急救援力量和应急救援物资并投入进达花园社区的灾后救援和恢复中，从而保证了社区的快速恢复。调查还发现，进达花园社区的被调查者对调查问卷和访谈比较热心，热衷于参加社会公益事业。此实证研究结论与应急管理体系建设中社会协同、公众参与的观点不谋而合。因此，政府可以此实证研究为基础，扩大城市应急管理主体的范围，将社区、个人、非政府组织等都纳入社会管理主体。为调动非政府组织和个人对社会应急管理的积极性，可以通过行政手段和非行政手段相结合的方式。非政府组织和个人的积极参与，不仅扩大了社会管理的主体范围，也在一定程度上丰富了社区自然灾害应急物资的拥有量和可利用数量。

2．强化非政府组织的专业化程度

在关于社区洪灾应对主要救援力量的访谈中，发现由社区居民自发形成的非正式组织成为社区洪灾应对的主体，这虽然在一定程度上缓冲了灾害发生的强度，降低了灾害损失，但是由于这些非正式组织专业技能或专业设备缺乏，并不能完全弥补政府救援力量薄弱的状况。国外关于非政府组织专业化的研究成果已经很多，可以借鉴其非政府组织的组织形式、管理方式、专业培训及设备管理等方面的经验，提升我国城市社区内部或社区之间非政府组织的专业化水平，增加应急救援队伍力量和资源。

3．健全风险防范机制

新乡市受温带大陆性气候影响，全年降水量分布不均，降水集中在每年 6～9

月的汛期。在与红旗区民政局工作人员的访谈过程中了解到，尽管新乡市曾经出现过极端降水引起的洪涝灾害，但由于其发生频率低且历史灾害距今时间较长，新乡市政府、社区和公众对发生洪涝灾害的可能性并没有客观的判断。新乡市地势西高东低，西街办事处、东街办事处、文化街办事处等属于老城区，城市排水系统已经不能良好地负荷增长的人口和经济压力，因此排水不及时也是造成此次洪灾的重要原因，但在政府社会管理中并未将此视为城市洪灾的脆弱性表现。健全风险防范机制需要以专家和专业科研机构为依托，从系统的角度统筹考虑各个流程、各个环节和各种类型的风险，兼顾多方面因素的耦合与叠加，紧密结合各地区、各部门的实际情况，本着简便易行、实用优先的原则开展各项工作。

4. 健全灾害预警机制

预警是灾害应急管理的重要环节之一，科学预警可以使应急管理人员和公众及时了解和掌握灾害的类型、强度及发展态势，为先期处置、抑制灾害进一步发展、降低灾害损失提供科学支撑。灾害预警有时效性、准确性、动态性、多途径全覆盖、多层次性的原则要求，但在实际操作中，受公众作息时间、预警发布方式的影响，有关部门很难做到全面覆盖，导致应急主体准备不充分。因此，有关部门要在对灾害风险的科学研判基础上，采用电视、广播、官方网站、微博、微信等更加丰富的方式在灾害预警正式发布之前进行灾害风险提醒，为灾害准备争取更多的时间和资源。

5. 健全恢复重建机制

灾后恢复重建既包括社会秩序、人民生活、生产活动的恢复，也包括各项基础设施和制度文件的重建，其中救助补偿也是重要内容。在对各个社区的调查过程中，通过社区管理者和社区居民的对比调查，发现由于灾后救助补偿主体缺失，物质或资金补偿不到位，社区居民对社区管理者、政府管理者存在抵触心理，有些甚至采取对抗行为来表达不满情绪，这也是我国自然灾害灾后救助补偿普遍存在的问题。汶川地震的灾后救助补偿提供了很好的范例，灾后政府、社会组织纷纷参与救助，除了募集资金和物资，很多社会组织深入一线，参与对灾民的救助，为保障灾民生活、稳定灾民情绪、维持社会稳定发挥了重要作用。

9.3.2 开展工程性防御措施工作，增强水资源管理能力

主要从完善社区防灾减灾建设、建设海绵城市和优化市政排水管网 3 个方面对开展工程性防御措施工作、增强水资源管理能力进行详细阐述。

1. 完善社区防灾减灾建设

城市社区洪水灾害具有其他洪水灾害所不具有的灾情特征，这是由城市房屋建筑的特性决定的。受灾严重的多存在于较低楼层居民家庭，以及地下建筑，如地下室、地下车库、地下商场或位于一楼的商铺店面等。因此，在建设规划时，可采取以下措施：第一，控制进水，即增加入库地面标高，配合防洪沙袋等应急物资的使用，控制道路积水涌入车库，地库建筑材料选择抗渗混凝土或好的防水涂料，避免地库外面的水渗入；第二，加强排水，设置集水坑，使用动力提升系统连通市政管道，将进入地库的水及时排出去；第三，优化社区和市政排水管网，提升城市排水能力。

2. 建设海绵城市

近年来，海绵城市成为水资源管理和城市雨洪灾害管理研究领域的一个研究热点。2013 年 12 月 12 日，习近平总书记在中央城镇化工作会议的讲话中强调，提升城市排水系统时，要优先考虑把有限的雨水留下来，优先考虑更多利用自然力量排水，建设自然积存、自然渗透、自然净化的海绵城市。这为如何进行城市雨洪管理和城市水资源管理指明了方向。海绵城市的本质是通过改变城市下垫面性质，形成城市地表地下局部良性水循环，从系统性视角综合解决水资源短缺、洪涝灾害、水质污染、水生物栖息地丧失等多种问题（俞孔坚等，2015）。城市海绵体除了河流、湖泊、池塘等天然或人工水系，还包括公园、绿地及可渗透性质的城市路面，城市地表水通过这些海绵体可以下渗、滞蓄、净化，最终被重新利用，而不是直接被当作污水排掉。建设海绵城市，一方面，要重点保护天然水系和城市可渗透地表面积；另一方面，需要借助生态环境保护方面的专业组织、政府机关和先进的科学技术对已经被破坏的城市自然生态系统进行恢复，甚至人工扩大城市海绵体，以适应全球气候变化引起的多发、广发的城市洪涝灾害的需求。海绵城市的建设也是缓解城市水资源匮乏现状的方式，有利于自然降水通过净化被人类生产生活重新利用。

3. 优化市政排水管网

近年来，每到汛期都会出现内陆城市“看海”模式，广大市民质问政府相关部门市政管网规划的落后和为什么不采取措施优化市政排水管网。城市排水系统规划确实需要具有前瞻性，但我国城市经济的高速发展是从中华人民共和国成立之后逐渐开始的。在城市规划建设初期，预测城市经济、人口发展趋势受限于当时的经济基础和人口基础，结果并不尽如人意，这在众多城市洪灾中就得以体现。因此，要优化市政排水管网，政府可以借鉴国外市政建设的优秀经验，采用先进技术，合理地开展市政排水工程建设。首先，政府在参考当地降雨历史数据的基础上，综合考量当地降水特征和经济发展、人口发展的状况，提高市政管道的排水标准，同时参考国外（如东京、巴黎等城市）较为优秀的管网规划来优化市政排水管网。其次，政府相关部门借助水的力量和人的力量，对市政管网进行维护。我国很多城市一遇暴雨就容易内涝，其中一部分城市是由于市政管网排水标准较低，但大多数城市是由于城市垃圾堵塞市政排水管网或具有腐蚀性的垃圾损毁市政排水管网。最后，市政管网的功能不应该仅是排水，还应该与废水处理结合起来，使城市排水有进有出，形成良性循环，造福自然和人类。

9.3.3　加强社区居民灾害教育，提高个体抗逆力

结合实地调查和调查问卷数据分析的结论可知，红旗区居民对城市洪灾的概念、内涵、基础知识、应对技能及灾后恢复的认知并不好，只有切身经历洪水带来的经济损失或社会损失，才会从心理上真正认同洪水灾害的危险性和危害性。而受灾较为严重的商铺店面在面对经济损失或社会损失时，又一味地将责任推给社区或政府，并没有深刻意识到个体也是参与社会事务和灾害管理的主体之一。因此，采取多种方式加强对社区居民的理论和实践灾害教育是提高个体抗逆力的基本方法。国外灾害教育起步较早，已经形成了很多较为成熟的社区灾害教育操作手册，因此，应借鉴其优秀研究成果，深刻理解灾害教育的内涵，从意识上认识到灾害教育的重要作用，积极构建社区灾害教育体系；根据灾害教育受众的特点，结合时间维度和空间维度，采用正式或非正式等方式对社区居民的灾害风险意识、防灾素养、防灾减灾能力进行提升。个体灾害抗逆力水平得到提升，社区整体的抗逆力水平也会随之增强。

9.3.4　加大商业保险的投保力度

提高社区商业店铺的财产保险参保率是缓解洪水灾害引起经济损失的有效手段。在调研中发现，红旗区商业从业者对财产保险投保率较低，多为个人健康保险和养老保险，忽视了商业保险对财产安全的保障作用，而灾后救助主体缺失和无法及时获得经济损失赔偿也成为当地灾害恢复中难以解决的问题。这与商业保险公司的宣传力度及对城市洪水风险评估不足有关，也与灾害不可控因素较为复杂、保险公司对设置灾害保险的积极性较低有关。针对上述问题，要从以下方面进行改进。首先，灾害经历尤其造成较大经济损失的经历在一定程度上提升了个人对灾害风险和灾害危险性的感知程度，对以后的灾害应急准备和财产保护会做出相应措施。政府及社区应借助此次洪水灾害的具体灾情，对居民应急准备工作进行正确引导，强调商业保险对个人和家庭财产保障的重要作用，提高家庭和个

体户购买商业保险的积极性。其次，政府基于当地财政收支情况，可采取对保险公司灾害险进行补贴的形式，提高保险公司设置灾害保险的积极性。

9.4 本章小结

在对河南省洪水发展历史、降水特征、洪灾社会脆弱性、洪灾抗逆力和洪灾避险能力等全面研究的基础上，从区域、山区乡村和城市社区 3 个不同的尺度提出了洪灾应对的相关建议和对策。

（1）区域尺度建议以应急管理的生命周期理论为框架依据来优化与完善其防洪减灾应急管理体系建设，明确应急管理各阶段的主要任务和重点任务。

（2）山区乡村尺度应提高农村居民的灾害风险感知能力、降低其洪灾暴露度和提高农民收入。此外，还应完善政府应急管理体系，加强政府主导型的资源投入力度。

（3）城市社区尺度应完善应急制度体系以提高洪灾管理能力，开展工程性防御措施以增强水资源管理能力，加强社区居民灾害教育以提高个体抗逆力，加大商业保险投保力度以提升居民灾害恢复能力等。

参 考 文 献

曹海林，2010. 农业灾害管理中的政府责任及其战略安排[J]. 中国行政管理（11）：41-44.

陈蓬，陈佳，胡理强，2017. 新乡市抗御“7·9”与“7·19”暴雨洪水的思考[J]. 河南水利与南水北调（3）：12-13.

陈鹏宇，彭祖武，2017. 河南栾川县泥石流物源特征与启动模式分析[J]. 科技通报，33（9）：220-226.

陈容，崔鹏，2013. 社区灾害风险管理现状与展望[J]. 灾害学，28（1）：133-138.

陈万旭，李江风，姜卫，等，2018. 豫西山区土地利用变化对生态服务价值的影响[J]. 水土保持研究，25（1）：376-381.

程炳岩，庞天荷，1994. 河南气象灾害及防御[M]. 北京：气象出版社.

丁一汇，2008. 中国气象灾害大典（综合卷）[M]. 北京：气象出版社.

段景春，1994. 试论河南省气候、植被、土壤从南到北的地域分异规律[J]. 濮阳职业技术学院学报（2）：22-23.

方佳毅，陈文方，孔锋，等，2015. 中国沿海地区社会脆弱性评价[J]. 北京师范大学学报（自然科学版），51（3）：280-286.

冯平，崔广涛，钟昀，2001. 城市洪涝灾害直接经济损失的评估与预测[J]. 水利学报，32（8）：64-88.

冯倩倩，2017. 城市社区洪灾抗逆力评价及其提升策略研究[D]. 焦作：河南理工大学.

冯倩倩，刘德林，2017. 城市社区洪灾抗逆力影响因素及其评价——以河南省新乡市红旗区为例[J]. 水土保持通报，37（4）：230-235.

高惠瑛，张铁军，黄声明，等，2010. 福建省农村房屋抗震性能调查与现状分析[J]. 灾害学，25（S1）：243-249.

葛怡，刘婧，史培军，2006. 家户水灾社会脆弱性的评估方法研究：以长江地区为例[J]. 自然灾害学报，15（6）：33-37.

葛怡，史培军，刘婧，等，2005. 中国水灾社会脆弱性评估方法的改进与应用：以长沙地区为例[J]. 自然灾害学报，14（6）：55-58.

龚艳冰，戴靓靓，杨舒馨，2017. 云南省农业旱灾社会脆弱性评价研究[J]. 水资源与水工程学报（6）：239-243.

顾万龙，王记芳，竹磊磊，2010. 1956—2007年河南省降水和水资源变化及评估[J]. 气候变化研究进展，6（4）：277-283.

郭显光，1998. 改进的熵值法及其在经济效益评价中的应用[J]. 系统工程理论与实践，18（12）：98-102.

郭振芳，2012. 火灾情景下的社区脆弱性分析[J]. 华中师范大学学报（人文社会科学版）（S4）：24-28.

何艳冰，黄晓军，杨新军，2017. 西安城市边缘区失地农户社会脆弱性评价[J]. 经济地理，37（4）：149-157.

河南省科学院地理所《河南重大自然灾害综合研究》课题组，1991. 河南省重大自然灾害特征和防灾减灾基本对策[J]. 河南科技（3）：5-6.

河南省统计局，2016. 河南统计年鉴-2016[M]. 北京：中国统计出版社.

贺帅，杨赛霓，李双双，等，2014. 自然灾害社会脆弱性研究进展[J]. 灾害学，29（3）：168-173.

胡金雪，2010. 浅谈当前农民教育的现状与对策[J]. 吉林农业（学术版）（6）：38.

黄蕙，温家洪，司瑞洁，等，2008a. 自然灾害风险评估国际计划述评Ⅰ：指标体系[J]. 灾害学，23（2）：112-116.

黄蕙，温家洪，司瑞洁，等，2008b. 自然灾害风险评估国际计划述评Ⅱ：评估方法[J]. 灾害学，23（3）：96-101.

黄晓军，黄馨，崔彩兰，等，2014. 社会脆弱性概念、分析框架与评价方法[J]. 地理科学进展，33（11）：1512-1525.

贾珊珊，杨菲，冯振环，2014. 区域社会系统脆弱性评价：以京津冀都市圈为例[J]. 商业时代（32）：131-132.

金磊，2000. 21世纪中国减灾能力的建设问题及对策[J]. 北京规划建设（2）：18-19.

李超超，程晓陶，申若竹，等，2019. 城市化背景下洪涝灾害新特点及其形成机理[J]. 灾害学，34（2）：57-62.

李高扬，刘明广，2011. 基于结构方程模型的区域创新能力评价[J]. 技术经济与管理研究（5）：28-32.

李鹤，张平宇，程叶青，2008. 脆弱性的概念及其评价方法[J]. 地理科学进展，27（2）：18-25.

李恒义，孟琳琳，2016. 基于海绵城市的北京市巨灾洪水防御体系设计[J]. 人民黄河，38（7）：35-38.

李景宜，周旗，严瑞，2002. 国民灾害感知能力测评指标体系研究[J]. 自然灾害学报，11（4）：129-134.

李军玲，刘忠阳，邹春辉，2010. 基于 GIS 的河南省洪涝灾害风险评估与区划研究[J]. 气象，36（2）：87-92.

李坤刚，2004. 我国防洪减灾对策探讨[J]. 中国水利水电科学研究院学报，2（1）：32-35.

李隆玲，任金政，2014. 我国洪水灾害现状及区划特征[J]. 中国水利（7）：48-51.

李昕，文婧，林坚，2012. 土地城镇化及相关问题研究综述[J]. 地理科学进展，31（8）：1042-1049.

李祚泳，1991. 层次分析法及其研究进展[J]. 自然杂志（12）：904-907.

梁恒谦，夏保成，刘德林，2015. 自然灾害脆弱性研究综述[J]. 华北地震科学，33（1）：11-18.

梁沛枫，潘东峰，2017. 基于 ED-DAT 数据库的我国自然灾害时空分布特点分析[J]. 现代预防科学，44（6）：968-971.

林学椿，于淑秋，1990. 近 40 年我国气候趋势[J]. 气象，16（10）：16-22.

林泽新，2002. 太湖流域防洪工程建设及减灾对策[J]. 湖泊科学（1）：12-18.

刘昌明，张永勇，王中根，等，2016. 维护良性水循环的城镇化 LID 模式：海绵城市规划方法与技术初步探讨[J]. 自然资源学报，31（5）：719-731.

刘德林，2011. 郑州市近 60 年来降水变化特征及突变分析[J]. 水土保持研究，18（5）：236-238.

刘德林，2014. 基于 GIS 的河南省洪灾风险评价[J]. 水土保持通报，34（3）：126-129.

刘德林，梁恒谦，2014. 区域自然灾害的社会脆弱性评估：以河南省为例[J]. 水土保持通报，34（5）：128-134.

刘德林，刘贤赵，2006. 主成分分析在河流水质综合评价中的应用[J]. 水土保持研究，13（3）：124-125.

刘国斌，韩世博，2016. 人口集聚与城镇化协调发展研究[J]. 人口学刊，38（2）：40-48.

刘国纬，2003. 论防洪减灾非工程措施的定义与分类[J]. 水科学进展，14（1）：98-103.

刘含赟，2013. 社区脆弱性评估与应对研究[D]. 杭州：浙江大学.

刘利，韩海荣，张丽谦，等，2011. 基于环境态度和脆弱性理论的居民森林意识调查分析：以北京百花山保护区为例[J]. 西北林学院学报，26（5）：219-223.

刘莉，谢礼立，2008. 层次分析法在城市防震减灾能力评估中的应用[J]. 自然灾害学报，17（2）：48-52.

刘南江，李群，孙舟，2017. 2016 年全国自然灾害灾情分析[J]. 中国减灾（3）：50-53.

刘秋艳，吴新年，2017. 多要素评价中指标权重的确定方法评述[J]. 知识管理论坛，2（6）：500-510.

刘求实，沈红，1997. 区域可持续发展指标体系与评价方法研究[J]. 中国人口·资源与环境，7（4）：60-64.

刘正瑶，2006. 中华朝代知识歌[M]. 北京：科学普及出版社.

刘忠阳，杜子璇，刘伟昌，等，2007. 城市洪灾及城市防洪规划探讨[J]. 气象与环境科学，30（9）：5-8.

鲁战乾，2013. 新乡市第四纪沉积物粒度分析及其沉积相特征[D]. 北京：中国地质大学.

栾川县地方史志编纂委员会，2009. 栾川县志[M]. 郑州：中州古籍出版社.

吕君，陈田，刘丽梅，2009. 旅游者环境意识的调查与分析[J]. 地理研究，28（1）：259-270.

马定国，刘影，陈洁，等，2007. 鄱阳湖区洪灾风险与农户脆弱性分析[J]. 地理学报，62（3）：321-332.

马月枝，张霞，胡燕平，2017. 2016 年 7 月 9 日新乡暖区特大暴雨成因分析[J]. 暴雨灾害，36（6）：557-565.

孟春芳，宋孝玉，赵文举，等，2017. 新乡市农村浅层地下水健康危害及污染源识别[J]. 安全与环境学报，17（5）：

2024-2030.

牛晓蕾，2018. 自然灾害型公共危机整体性治理研究[D]. 郑州：河南师范大学.

彭祖武，2013. 栾川县泥石流灾害危险性区划研究[D]. 北京：中国地质大学.

秦波，田卉，2012. 城市洪涝灾害应急管理体系建设研究[J]. 现代城市研究（1）：29-33.

权瑞松，2014. 基于情景模拟的上海中心城区建筑暴雨内涝脆弱性分析[J]. 地理科学，34（11）：1399-1403.

权瑞松，刘敏，张丽佳，等，2011. 基于情景模拟的上海中心城区建筑暴雨内涝暴露性评价[J]. 地理科学，31（2）：148-152.

任广平，邹志红，孙靖南，2005. 因子分析及其在河网水质综合评价中的应用研究[J]. 环境污染治理技术与设备，6（4）：91-94.

任静，陈亮，2011. 基于 SRTM-DEM 的河南省地貌特征分析与类型划分[J]. 河南科学，29（9）：1113-1116.

阮平平，贾艾晨，2013. Google Earth 在城市洪灾分析中的应用研究[J]. 水利与建筑工程学报，11（6）：213-216.

邵莲芬，彭祖武，王硕楠，等，2013. 栾川“7•24”暴雨泥石流启动模式分类[J]. 山地学报，31（3）：334-341.

石蓝星，唐德善，孟颖，等，2017. 基于改进物元可拓模型的城市洪灾风险评价[J]. 人民黄河，39（7）：71-74.

石勇，2014. 基于情景模拟的居民住宅内部财产的水灾脆弱性评价[J]. 水电能源科学，32（8）：134-137.

石勇，许世远，石纯，等，2009a. 沿海区域水灾脆弱性及风险的初步分析[J]. 地理科学，29（6）：853-857.

石勇，许世远，石纯，等，2009b. 洪水灾害脆弱性研究进展[J]. 地理科学进展，28（1）：41-46.

石勇，许世远，石纯，等，2011. 自然灾害脆弱性研究进展[J]. 自然灾害学报，20（2）：131-137.

史培军，1996a. 再论灾害研究的理论与实践[J]. 自然灾害学报，5（4）：6-17.

史培军，1996b. 三论灾害研究的理论与实践[J]. 自然灾害学报，11（4）：1-9.

司瑞洁，温家洪，尹占娥，等，2007. EM-DAT 灾难数据库概述及其应用研究[J]. 科技导报，25（6）：60-67.

孙建华，赵思雄，傅慎明，等，2013. 2012 年 7 月 21 日北京特大暴雨的多尺度特征[J]. 大气科学，27（3）：705-718.

孙建奇，敖娟，2013. 中国冬季降水和极端降水对变暖的响应[J]. 科学通报，58（8）：674-679.

唐启义，冯明光，2007. DPS 数据处理系统[M]. 北京：科学出版社.

唐学哲，刘昌军，张琦建，等，2015. 河南栾川县历史山洪灾害调查[J]. 中国防汛抗旱，25（6）：70-73.

万新宇，王光谦，2011. 近 60 年中国典型洪水灾害与防洪减灾对策[J]. 人民黄河，33（8）：1-4.

王洪芬，2001. 计量地理学概论[M]. 济南：山东教育出版社.

王纪军，裴铁璠，苏爱芳，等，2010. 河南省降水集中程度研究[J]. 人民黄河，32（10）：84-86.

王金兰，2016. 极端暴雨事件引发的决策气象服务思考——以 2016 年汛期河南省新乡市两场特大暴雨的决策气象服务为例[J]. 决策探索（下半月）（10）：26-27.

王良健，2000. 区域可持续发展指标体系及其评估模型：湖南长沙市的实证研究[J]. 中国管理科学（2）：75-80.

王润英，李宇，2016. 基于熵-云模型的城市洪灾风险评价模型[J]. 水电能源科学，34（9）：61-63.

王生云，2013. 中国经济高速增长的亲贫困程度研究：1989—2009[D]. 杭州：浙江大学.

王先达，2003. 浅析淮河流域的防洪体系[J]. 中国水利（19）：29-31.

王瑶，万玉秋，钱新，等，2009. 水库下游居民避险能力指标体系构建及其实证研究[J]. 中国农村水利水电（1）：26-29.

吴佳，周波涛，徐影，2015. 中国平均降水和极端降水对气候变暖的响应：CMIP5 模式模拟评估和预估[J]. 地球物理学报，58（9）：3048-3060.

吴明隆，2009. 结构方程模型：AMOS 的操作与应用[M]. 重庆：重庆大学出版社.
吴琼，2008. 家庭层次地震灾害脆弱性研究的问卷调查方法及应用[D]. 北京：中国地震局地质研究所.
席雪红，2012. 河南省农村居民相对贫困动态演化的实证研究[J]. 安徽农业科学，40（18）：9933-9935.
项静恬，史久恩，1997. 非线性系统中数据处理的统计方法[M]. 北京：科学出版社.
谢标，杨永岗，1998. 贵州省岩溶山区生态环境脆弱性及人为活动的影响：以息烽县为例[J]. 水土保持通报，18（4）：12-16.
新乡市水利局，2005. 新乡市水利志[M].郑州：黄河水利出版社.
徐炳成，山仑，黄占斌，2001. 草坪草对干旱胁迫的反应及适应性研究进展[J]. 中国草地学报，23（2）：55-61.
许立，郭亚军，王毅，2013. 基于结构方程模型的制造业员工敬业度结构实证研究[J]. 企业经济，32（6）：59-62.
薛东辉，窦贻俭，1998. 仪征市可持续发展指标体系研究[J]. 城市环境与城市生态，11（1）：32-35.
薛莉娟，胡方萌，2012. 农业劳动力老龄化现状及其影响：基于河南省兰考县 M 村的实证研究[J]. 安徽农业科学，40（28）：14059-14063.
杨大勇，2013. 提升城镇抵御洪涝灾害能力的思考[J]. 中国防汛抗旱，23（2）：7-8.
佚名，2013. 河南省水利工作概况[J]. 河南水利与南水北调（6）：49-50.
俞孔坚，李迪华，袁弘，等，2015. “海绵城市”理论与实践[J]. 城市规划，39（6）：26-36.
詹承豫，2009. 中国应急管理体系完善的理论与方法研究：基于“情景-冲击-脆弱性”的分析框架[J]. 政治学研究（5）：92-98.
曾红彪，余宏明，陈鹏宇，等，2014. 栾川县暴雨泥石流预警模型研究——以“7.24”暴雨泥石流为例[J]. 广东水利水电（3）：38-44.
张光业，1964. 河南省地貌区划[J]. 河南大学学报（哲学社会科学版）（1）：124-137.
张金泉，2013. 河南植物地理研究[M]. 郑州：河南大学出版社.
张永领，游温娇，2014. 基于 TOPSIS 的城市自然灾害社会脆弱性评价研究：以上海市为例[J]. 灾害学，29（1）：109-114.
张渝，2015. 着力构建中原防洪减灾体系：专访河南省水利厅厅长李柳身[J]. 河南水利与南水北调（15）：1-2.
张震宇，1993. 河南自然灾害现状特点及影响评估[J]. 灾害学，8（2）：74-78.
张震宇，王文楷，胡福森，1993. 河南自然灾害及对策[M]. 北京：气象出版社.
赵文举，杨展飞，刘晶，2017. 新乡市“7.9”暴雨对地下水影响分析[J]. 河南水利与南水北调（2）：30-31.
中国天气网，2018. 2017 年我国气象灾害明显偏少暴雨洪涝灾害突出[EB/OL].（2018-01-28）[2018-04-20]. http://news.weather.com.cn/2018/01/2824066.shtml.
中华人民共和国国家统计局，2016. 中国统计年鉴-2016[M]. 北京：中国统计出版社.
中华人民共和国国家统计局，2017. 中国统计年鉴-2017[M]. 北京：中国统计出版社.
周国兵，沈桐立，韩余，2006. 重庆“9·4”特大暴雨天气过程数值模拟分析[J]. 气象科学，26（5）：572-577.
周利敏，2012a. 从经典灾害社会学、社会脆弱性到社会建构主义：西方灾害社会学研究的最新进展及比较启示[J]. 广州大学学报：社会科学版，11（6）：29-35.
周利敏，2012b. 从自然脆弱性到社会脆弱性：灾害研究的范式转型[J]. 思想战线，38（2）：11-15.
周利敏，2012c. 社会脆弱性：灾害社会学研究的新范式[J]. 南京师大学报（社会科学版）（4）：20-28.
周玲，2008. 从 SARS 到大雪灾：中国应急管理体系建设的反思[J]. 绿叶（3）：1-8.

周扬，李宁，吴文祥，2014. 自然灾害社会脆弱性研究进展[J]. 灾害学，29（2）：168-173.

朱华桂，2012. 论风险社会中的社区抗逆力问题[J]. 南京大学学报，49（5）：47-53.

朱华桂，2013. 论社区抗逆力的构成要素和指标体系[J]. 南京大学学报，50（5）：68-74.

朱庆平，周力，李开，等，2017. 西昌引种栽培油橄榄果中 5 种金属元素主成分及聚类分析[J]. 基因组学与应用生物学，36（1）：362-369.

祝坤艳，2017. 河南人口年龄结构与产业结构现状分析[J]. 当代经济（22）：51-53.

宗晓武，2012. 高校后勤学生满意度量表编制及信效度检验[J]. 扬州大学学报（高教研究版），16（3）：70-73.

ADAMS R E, BOSCARINO J A, 2011. A structural equation model of perievent panic and posttraumatic stress disorder after a community disaster[J]. Journal of traumatic stress, 24(1): 61-69.

ADELEKAN I O, ASIYANBI A P, 2016. Flood risk perception in flood-affected communities in Lagos, Nigeria[J]. Natural hazards, 80(1): 445-469.

ADEOLA F O, 2009. Katrina cataclysm: does duration of residency and prior experience affect impacts, evacuation, and adaptation behavior among survivors?[J]. Environment and behavior, 41(4): 459-489.

ADGER W N, BROOKS N, BENTHAM G, et al., 2005. New indicators of vulnerability and adaptive capacity[M]. Norwich: Tyndall Centre for Climate Change Research.

AINUDDIN S, ROUTRAY J K, 2012. Earthquake hazards and community resilience in Baluchistan[J]. Natural hazards, 63(2): 909-937.

ALSHEHRI S A, REZGUI Y, LI H, 2013. Public perception of the risk of disasters in a developing economy: the case of Saudi Arabia[J]. Natural hazards, 65(3): 1813-1830.

ANDERSON J G, 1987. Structural equation models in the social and behavioral science: model building [J]. Child development, 58(1): 49-64.

ARLINGHAUS A, LOMBARDI D A, WILLETTS J L, et al., 2012. A structural equation modeling approach to fatigue-related risk factors for occupational injury[J]. American journal of epidemiology, 176(7): 597-607.

ARMAS I, IONESCU R, POSNER C N, 2015. Flood risk perception along the lower Danube river, Romania[J]. Natural hazards, 79(3): 1913-1931.

BECKER G, AERTS J C J H, HUITEMA D, 2014. Bout a catastrophic flood?[J]. Journal of flood risk management, 7(1): 16-30.

BICH N P, 2014. Mechanism of social vulnerability to industrial pollution in peri-urban Danang City, Vietnam[J]. International journal of environmental science and development, 5(1): 37-44.

BISHT D S, CHATTERJEE C, KALAKOTI S, et al., 2016. Modeling urban floods and drainage using SWMM and MIKE URBAN: a case study[J]. Natural hazards, 84(2): 749-776.

BLAIKIE P, CANNON T, DAVIS I, et al., 1994. At risk: natural hazards, people's vulnerability and disasters[M]. London: Routledge Publisher.

BOON H J, 2016. Perceptions of climate change risk in four disaster-impacted rural Australian towns[J]. Regional environmental change, 16(1): 137-149.

BOSSCHAART A, KUIPER W, VAN DER SCHEE J, et al., 2013. The role of knowledge in students' flood-risk perception[J]. Natural hazards, 69(3): 1661-1680.

BOTZEN W J W, AERTS J, VAN DEN BERGH J, 2009. Dependence of flood risk perceptions on socioeconomic and objective risk factors[J]. Water resources research, 45(10): 1-15.

BRADFORD R A, O'SULLIVAN J J, VAN DER CRAATS I M, et al., 2012. Risk perception-issues for flood management in Europe[J]. Natural hazards and earth system sciences, 12(7): 2299-2309.

BREMICKER M, VARGA D, 2014. Communication of the reliability of early warning and forecasting of floods in Baden-Wurttemberg[J]. Hydrologie und wasserbewirtschaftung, 58(2): 76-83.

BREWER N T, WEINSTEIN N D, CUITEC L, et al., 2004. Risk perceptions and their relation to risk behavior[J]. Annals of behavioral medicine, 27(2): 125-130.

BRILLY M, POLIC M, 2005. Public perception of flood risks, flood forecasting and mitigation[J]. Natural hazards and earth system sciences, 5(3): 345-355.

BUCHECKER M, SALVINI G, DI BALDASSARRE G, et al., 2013. The role of risk perception in making flood risk management more effective[J]. Natural hazards and earth system sciences, 13(11): 3013-3030.

BUNCHER C R, SUCCOP P A, DIETRICH K N, 1991. Structural equation modeling in environmental risk assessment [J]. Environmental health perspectives, 90: 209-213.

BURNSIDE R, MILLER D S, RIVERA J D, 2007. The impact of information and risk perception on the hurricane evacuation decision-making of greater New Orleans residents[J]. Sociological spectrum, 27(6): 727-740.

BURTON I, 1993. The environment as hazard[M]. New York: Guilford Press.

CARROW R, 1996. Drought avoidance characteristics of diverse tall fescue cultivars[J]. Crop science, 36(2): 371-377.

CHEN W F, CUTTER S L, EMRICH C T, et al., 2013. Measuring social vulnerability to natural hazards in the Yangtze River Delta Region, China[J]. International journal of disaster risk science, 4(4): 169-181.

CHEN W, ZHAI G, FAN C, et al., 2016. A planning framework based on system theory and GIS for urban emergency shelter system: a case of Guangzhou, China[J]. Human and ecological risk assessment: an international journal, 23(3): 441-456.

CLARK G E, MOSER S C, RATICK S J, et al., 1998. Assessing the vulnerability of coastal communities to extreme storms: the case of revere, M.A., USA[J]. Mitigation and adaptation strategies for global change, 3(1): 59-82.

COOLS J, INNOCENTI D, O'BRIEN S, 2016. Lessons from flood early warning systems[J]. Environmental science & policy, 58: 117-122.

CRONBACH L J, 1951. Coefficient alpha and the internal structure of tests[J]. Psycometrika, 16(3): 297-334.

CUTTER S L, 1996. Vulnerability to environmental hazards[J]. Progress in human geography, 20(4): 529-539.

CUTTER S L, 2003. The vulnerability of science and the science of vulnerability[J]. Annals of the association of American geographers, 93(1): 1-12.

CUTTER S L, 2006. Hazards vulnerability and environmental justice[M]. London: Routledge.

CUTTER S L, BORUFF B J, SHIRLEY W L, 2003. Social vulnerability to environmental hazards[J]. Social science quarterly, 84(2): 242-261.

CUTTER S L, EMRICH C, MORATH D, et al., 2013. Integrating social vulnerability into federal flood risk management planning[J]. Journal of flood risk management, 6(4): 332-344.

CUTTER S L, FINCH C, 2008. Temporal and spatial changes in social vulnerability to natural hazards[C]. Proceedings of the national academy of sciences of the United States of America, 105(7): 2301-2306.

DEWAN A M, 2013. Vulnerability and risk assessment, in floods in a megacity: geospatial techniques in assessing hazards, risk and vulnerability[M]. Netherlands: Springer.

DILLEY M, 2005. Natural disaster hotspots: a global risk analysis[M]. Washington: World Bank.

DOMBROSKI M, FISCHHOFF B, FISCHBECK P, 2006. Predicting emergency evacuation and sheltering behavior: a structured analytical approach[J]. Risk analysis, 26(6): 1675-1688.

DOUGLAS M, 1986. Risk acceptability according to the social sciences[M]. Baltimore: Russell Sage Foundation.

EAKIN H, BOJORQUEZ-TAPIA L A, 2008. Insights into the composition of household vulnerability from multicriteria decision analysis[J]. Global environmental change-human and policy dimensions, 18(1): 112-127.

EISENMAN D P, CORDASCO K M, ASCH S, et al., 2007. Disaster planning and risk communication with vulnerable communities: lessons from hurricane Katrina[J]. American journal of public health, 97(S1): 109-115.

FASSINGER R E, 1987. Use of structural equation modeling in counseling psychology research[J]. Journal of counseling psychology, 34(4): 425-436.

FEKETE A, 2009. Validation of a social vulnerability index in context to river-floods in Germany[J]. Natural hazards and earth system sciences, 9(2): 393-403.

FERNANDEZ P, MOURATO S, MOREIRA M, 2016. Social vulnerability assessment of flood risk using GIS-based multicriteria decision analysis. A case study of Vila Nova de Gaia(Portugal)[J]. Geomatics, natural hazards and risk, 7(4): 1367-1389.

FISCHHOFF B, SLOVIC P, LICHTENSTEIN S, et al., 1978. How safe is safe enough? A psychometric study of attitudes towards technological risks and benefits[J]. Policy sciences, 9(2): 127-152.

FROLOV A V, ASMUS V V, BORSHCH S V, et al., 2016. GIS-amur system of flood monitoring, forecasting, and early warning[J]. Russian meteorology and hydrology, 41(3): 157-169.

GARBUTT K, ELLUL C, FUJIYAMA T, 2015. Mapping social vulnerability to flood hazard in Norfolk, England[J]. Environmental hazards-human and policy dimensions, 14(2): 156-186.

GE Y, XU W, GU Z H, et al., 2011. Risk perception and hazard mitigation in the Yangtze River Delta region, China[J]. Natural hazards, 56(3): 633-648.

GHIMIRE Y N, SHIVAKOTI G P, PERRET S R, 2010. Household-level vulnerability to drought in hill agriculture of Nepal: implications for adaptation planning[J]. International journal of sustainable development and world ecology, 17(3): 225-230.

GROTHMANN T, REUSSWIG F, 2006. People at risk of flooding: why some residents take precautionary action while others do not[J]. Natural hazards, 38(1-2): 101-120.

HE Y Y, LIU Z, SHI J M, et al., 2015. K-shortest-path-based evacuation routing with police resource allocation in city transportation networks[J]. Plos one, 10(7): 1-23.

HEATH S E, KASS P H, BECK A M, et al., 2001. Human and pet-related risk factors for household evacuation failure during a natural disaster[J]. American journal of epidemiology, 153(7): 659-665.

HEISE D R, 1974. Structural equation models in social sciences-goldberger,as and duncan,od[J]. American journal of sociology, 80(2): 578-580.

HEITZ C, SPAETER S, AUZET A V, et al., 2009. Local stakeholders' perception of muddy flood risk and implications for management approaches: a case study in Alsace(France)[J]. Land use policy, 26(2): 443-451.

HEPPENSTALL C P, WILKINSON T J, HANGER H C, et al., 2013. Impacts of the emergency mass evacuation of the elderly from residential care facilities after the 2011 christchurch earthquake[J]. Disaster medicine and public health preparedness, 7(4): 419-423.

HERVAS A, OLMOS J G, CEBOLLERO M P, et al., 2013. A structural equation model for analysis of factors associated with the choice of engineering degrees in a technical university[J]. Abstract and applied analysis(2): 337-355.

HIZBARON D R, BAIQUNI M, SARTOHADI J, et al., 2012. Urban vulnerability in Bantul District, Indonesia: towards safer and sustainable development[J]. Sustainability, 4(9): 2022-2037.

HO M C, SHAW D, LIN S Y, et al., 2008. How do disaster characteristics influence risk perception?[J]. Risk analysis, 28(3): 635-643.

HOOPER D, COUGHLAN J, MULLEN M, 2008. Structural equation modelling: guidelines for determining model fit[J]. Electronic journal of business research methods, 6(1): 53-60.

HORNEY J A, MACDONALD P D M, VAN WILLIGEN M, et al., 2010. Individual actual or perceived property flood risk: did it predict evacuation from hurricane Isabel in North Carolina, 2003?[J]. Risk analysis, 30(3): 501-511.

HOUTS, P S, LINDELL M K, HU T W, et al., 1984. Protective action decision model applied to evacuation during the three mile Island crisis[J]. International journal of mass emergencies and disasters, 2(1): 27-39.

HU L T, BENTLER P M, 1999. Cutoff criteria for fit indexes in covariance structure analysis: conventional criteria versus new alternatives[J]. Structural equation modeling-a multidisciplinary journal, 6(1): 1-55.

HUANG Y F, LI F Y, BAI X M, et al., 2012. Comparing vulnerability of coastal communities to land use change: analytical framework and a case study in China[J]. Environmental science & policy, 23(23): 133-143.

HUBA G J, HARLOW L L, 1987. Robust structural equation models-implications for developmental-psychology[J]. Child development, 58(1): 147-166.

JACOBY J, MATELL M S, 1971. Three-point Likert scales are good enough[J]. Journal of marketing research, 8(4): 495-500.

JÖESKOG K G, GOLDBERGER A S, 1972. Factor analysis by generalized least squares[J]. Psychometrika, 37(3): 243-260.

JOHNSTONE W M, LENCE B J, 2012. Use of flood, loss, and evacuation models to assess exposure and improve a community tsunami response plan: vancouver Island[J]. Natural hazards review, 13(2): 162-171.

KAISER H F, 1974. An index of factorial simplicity[J]. Psychometrika, 39(1): 31-36.

KATES R W, AUSUBEL J H, BERBERIAN M, 1987. Climate impact assessment: studies of the interaction of climate and society[J]. Geographical review, 77(3): 382-385.

KAWAMURA Y, DEWAN A M, VEENENDAAL B, et al., 2014. Using GIS to develop a mobile communications network for disaster-damaged areas[J]. International journal of digital earth, 7(4): 279-293.

KELLENS W, TERPSTRA T, DE MAEYER P, 2013. Perception and communication of flood risks: a systematic review of empirical research[J]. Risk analysis, 33(1): 24-49.

KELLENS W, ZAALBERG R, NEUTENS T, et al., 2011. An analysis of the public perception of flood risk on the Belgian coast[J]. Risk analysis, 31(7): 1055-1068.

KIM J, KUWAHARA Y, KUMAR M, 2011. A DEM-based evaluation of potential flood risk to enhance decision support system for safe evacuation[J]. Natural hazards, 59(3): 1561-1572.

KING D W, KING L A, FOY D W, et al., 1996. Prewar factors in combat-related posttraumatic stress disorder: structural equation modeling with a national sample of female and male Vietnam veterans[J]. Journal of consulting and clinical psychology, 64(3): 520-531.

KUNG Y W, CHEN S H, 2012. Perception of earthquake risk in Taiwan: effects of gender and past earthquake experience[J]. Risk analysis, 32(9): 1535-1546.

LAMB S, WALTON D, MORA K, et al., 2012. Effect of authoritative information and message characteristics on evacuation and shadow evacuation in a simulated flood event[J]. Natural hazards review, 13(4): 272-282.

LAWRENCE J, QUADE D, BECKER J, 2014. Integrating the effects of flood experience on risk perception with responses to changing climate risk[J]. Natural hazards, 74(3): 1773-1794.

LI H, ZHANG P, CHENG Y, 2008. Concepts and assessment methods of vulnerability[J]. Progress in geography, 27(2): 18-25.

LI W, XU B, WEN J, 2016. Scenario-based community flood risk assessment: a case study of Taining county town, Fujian province, China[J]. Natural hazards, 82(1): 193-208.

LI Y, AHUJA A, PADGETT J E, 2012. Review of methods to assess, design for, and mitigate multiple hazards[J]. Journal of performance of constructed facilities, 26(1): 104-117.

LIM H R, LIM M B B, PIANTANAKULCHAI M, 2016. Determinants of household flood evacuation mode choice in a developing country[J]. Natural hazards, 84(1): 507-532.

LIM M B B, LIM H R, PIANTANAKULCHAI M, et al., 2016. A household-level flood evacuation decision model in Quezon City, Philippines[J]. Natural hazards, 80(3): 1539-1561.

LIM M B, LIM JR H, PIANTANKULCHAI M, 2013. Factors affecting flood evacuation decision and its implication to transportation planning[J]. Journal of the Eastern Asia society for transportation studies, 10: 163-177.

LINDELL M K, HWANG S N, 2008. Households' perceived personal risk and responses in a multihazard environment[J]. Risk analysis, 28(2): 539-556.

LING F H, TAMURA M, YASUHARA K, et al., 2015. Reducing flood risks in rural households: survey of perception and adaptation in the Mekong delta[J]. Climatic change, 132(2): 209-222.

LINNEKAMP F, KOEDAM A, BAUD I S A, 2011. Household vulnerability to climate change: examining perceptions of households of flood risks in georgetown and paramaribo[J]. Habitat international, 35(3): 447-456.

LIU D, HAO S, LIU X, et al., 2013. Effects of land use classification on landscape metrics based on remote sensing and GIS[J]. Environmental earth sciences, 68(8): 2229-2237.

LIU D, LI Y, 2016. Social vulnerability of rural households to flood hazards in western mountainous regions of Henan Province, China[J]. Natural hazards and earth system sciences, 16(5): 1123-1134.

LIU D, LI Y, FANG S, et al., 2017. Influencing factors for emergency evacuation capability of rural households to flood hazards in western mountainous regions of Henan Province, China[J]. International journal of disaster risk reduction, 21: 187-195.

LIU X, LIM S, 2016. Integration of spatial analysis and an agent-based model into evacuation management for shelter assignment and routing[J]. Journal of spatial science: 61(2): 283-298.

LOLLI S, GIROLAMO P D, 2015. Principal component analysis approach to evaluate instrument performances in developing a cost-effective reliable instrument network for atmospheric measurements[J]. Journal of atmospheric and oceanic technology, 32(9): 1642-1649.

LUDY J, KONDOLF, 2012. Flood risk perception in lands "protected" by 100-year levees[J]. Natural hazards, 61(2): 829-842.

MARSH H W, LUEDTKE O, MUTHEN B, et al., 2010. A new look at the big five factor structure through exploratory structural equation modeling[J]. Psychological assessment, 22(3): 471-491.

MASUYA A, DEWAN A, CORNER R J, 2015. Population evacuation: evaluating spatial distribution of flood shelters and vulnerable residential units in Dhaka with geographic information systems[J]. Natural hazards, 78(3): 1859-1882.

MEEHL G A, KARL T, EASTERLING D R, et al., 2000. An introduction to trends in extreme weather and climate events: observations, socioeconomic impacts, terrestrial ecological impacts, and model projections[J]. Bulletin of the American meteorological society, 81(3): 413-416.

MIAO Q, YANG D, YANG H, 2016. Establishing a rainfall threshold for flash flood warnings in China's mountainous areas based on a distributed hydrological model[J]. Journal of hydrology, 541: 371-386.

MITCHELL R J, 1992. Testing evolutionary and ecological hypotheses using path-analysis and structural equation modeling[J]. Functional ecology, 6(2): 123-129.

MURPHY E, SCOTT M, 2014. Household vulnerability in rural areas: results of an index applied during a housing crash, economic crisis and under austerity conditions[J]. Geoforum, 51(1): 75-86.

MUSIL C M, JONES S L, WARNER C D, 1998. Structural equation modeling and its relationship to multiple regression and factor analysis[J]. Research in nursing & health, 21(3): 271-281.

NAKAMURA H, WATANABE N, MATSUSHIMA E, 2014. Structural equation model of factors related to quality of life for community-dwelling schizophrenic patients in Japan[J]. International journal of mental health systems, 8(1): 1-12.

NARAYANAN A, 2012. A review of eight software packages for structural equation modeling[J]. American statistician, 66(2): 129-138.

NILES M T, LUBELL M, HADEN V R, 2013. Perceptions and responses to climate policy risks among California farmers[J]. Global environmental change-human and policy dimensions, 23(6): 1752-1760.

NORIEGA G R, LUDWIG L G, 2012. Social vulnerability assessment for mitigation of local earthquake risk in Los Angeles County[J]. Natural hazards, 64(2): 1341-1355.

NORRIS F H, STEVENS S P, PFEFFERBAUM B, et al., 2008. Community resilience as a metaphor, theory, set of capacities, and strategy for disaster readiness[J]. American journal of community psychology, 41(1-2): 127-150.

O'KEEFE P, WESTGATE K, WISNER B, 1976. Taking the naturalness out of natural disasters[J]. Nature, 260: 566-567.

O'NEILL E, BRENNAN M, BRERETON F, et al., 2015. Exploring a spatial statistical approach to quantify flood risk perception using cognitive maps[J]. Natural hazards, 76(3): 1573-1601.

OSTADTAGHIZADEH A, ARDALAN A, PATON D, et al., 2016. Community disaster resilience: a qualitative study on Iranian concepts and indicators[J]. Natural hazards, 83(3): 1843-1861.

PAGNEUX E, GISLADOTTIR G, JONSDOTTIR S, 2011. Public perception of flood hazard and flood risk in Iceland: a case study in a watershed prone to ice-jam floods[J]. Natural hazards, 58(1): 269-287.

PAUL B K, 2012. Factors affecting evacuation behavior: the case of 2007 cyclone Sidr, Bangladesh[J]. The professional geographer, 64(3): 401-414.

PEACOCK W G, BRODY S D, HIGHFIELD W, 2005. Hurricane risk perceptions among Florida's single family homeowners[J]. Landscape and urban planning, 73(2-3): 120-135.

PELLING M, 2003. The vulnerability of cities: natural disasters and social resilience[M]. London: Earthscan.

PELLING M, 2004. Visions of risk: a review of international indicators of disaster risk and its management[R]. ISOR/UNDP: Kings College, University of London.

PHILIPP A, KERL F, MULLER U, 2015. Demands by potential users for a flood early warning system for Saxony[J]. Hydrologie und wasserbewirtschaftung, 59(1): 4-22.

POUSSIN J K, BOTZEN W J W, AERTS J, 2014. Factors of influence on flood damage mitigation behaviour by households[J]. Environmental science & policy, 40: 69-77.

QASIM S, KHAN A N, SHRESTHA R P, et al., 2015. Risk perception of the people in the flood prone Khyber Pukhthunkhwa province of Pakistan[J]. International journal of disaster risk reduction, 14: 373-378.

QU Q, 2012. Determination of weights for the ultimate cross efficiency: a use of principal component analysis technique[J]. Journal of software, 7(10): 2177-2181.

RAAIJMAKERS R, KRYWKOW J, VAN DER VEEN A, 2008. Flood risk perceptions and spatial multi-criteria analysis: an exploratory research for hazard mitigation[J]. Natural hazards, 46(3): 307-322.

RAMIREZ G M, HESS S, 1992. Verification of the theoretical underlying model to the questionnaire of environmental answer in children(ceri, through the model of structural equations)[J]. International journal of psychology, 27(3-4): 385-385.

RASKA P, 2015. Flood risk perception in Central-Eastern European members states of the EU: a review[J]. Natural hazards, 79(3): 2163-2179.

REDMAN C, 2007. Environment and development: sustainability science[D]. Victoria: Royal Road University.

SALVATI P, BIANCHI C, FIORUCCI F, et al., 2014. Perception of flood and landslide risk in Italy: a preliminary analysis[J]. Natural hazards and earth system sciences, 14(9): 2589-2603.

SAQIB S E, AHMAD M M, PANEZAI S, et al., 2016. Factors influencing farmers' adoption of agricultural credit as a risk management strategy: the case of Pakistan[J]. International journal of disaster risk reduction, 17: 67-76.

SHERRIEB K, NORRIS F H, GALEA S, 2010. Measuring capacities for community resilience[J]. Social indicators research, 99(2): 227-247.

SIAGIAN T H, PURHADI P, SUHARTONO S, et al., 2014. Social vulnerability to natural hazards in Indonesia: driving factors and policy implications[J]. Natural hazards, 70(2): 1603-1617.

SIMONOVIC S P, AHMAD S, 2005. Computer-based model for flood evacuation emergency planning[J]. Natural hazards, 34(1): 25-51.

SJÖBERG L, 2000. Factors in risk perception[J]. Risk analysis, 20(1): 1-12.

SLOVIC P, 1987. Perception of risk[J]. Science, 236(4799): 280-285.

STARR C, 1969. Social benefit versus technological risk[J]. Science, 165(3899): 1232-1238.

STOOLMILLER M, SNYDER J, 2014. Embedding multilevel survival analysis of dyadic social interaction in structural equation models: hazard rates as both outcomes and predictors[J]. Journal of pediatric psychology, 39(2): 222-232.

STOUTENBOROUGH J W, STURGESS S G, VEDLITZ A, 2013. Knowledge, risk, and policy support: public perceptions of nuclear power[J]. Energy policy, 62(11): 176-184.

TAYLOR T R B, FORD D N, REINSCHMIDT K F, 2012. Impact of public policy and societal risk perception on US civilian nuclear power plant construction[J]. Journal of construction engineering and management-asce, 138(8): 972-981.

TIMMERMAN P, 1981. Vulnerability, resilience and the collapse of society: a review of models and possible climatic applications[D]. Toronto: Institute for Environmental Studies, University of Toronto.

TOBIN G A, 1999. Sustainability and community resilience: the holy grail of hazards planning?[J]. Global environmental change part B: environmental hazards, 1(1): 13-25.

TRUMBO C, MEYER M A, MARLATT H, et al., 2014. An assessment of change in risk perception and optimistic bias for hurricanes among gulf coast residents[J]. Risk analysis, 34(6): 1013-1024.

TURNER B L, KASPERSON R E, MATSON P A, et al., 2003. A framework for vulnerability analysis in sustainability science[J]. Proceedings of the national academy of sciences, 100(14): 8074-8079.

ULLAH R, JOURDAIN D, SHIVAKOTI G P, et al., 2015. Managing catastrophic risks in agriculture: simultaneous adoption of diversification and precautionary savings[J]. International Journal of disaster risk reduction, 12(2): 268-277.

WALLACE J W, POOLE C, HORNEY J A, 2016. The association between actual and perceived flood risk and evacuation from Hurricane Irene, Beaufort County, North Carolina[J]. Journal of flood risk management, 9(2): 125-135.

WANG F, BU L, LI C, et al., 2014. Simulation study of evacuation routes and traffic management strategies in short-notice emergency evacuation[J]. Transportation research record(2459): 63-71.

WANG W D, GUO J, FANG L G, et al., 2012. A subjective and objective integrated weighting method for landslides susceptibility mapping based on GIS[J]. Environmental earth sciences, 65(6): 1705-1714.

WEICHSELGARTNER J. 2001. Disaster mitigation: the concept of vulnerability revisited[J]. Disaster prevention and management: an international journal, 10(2): 85-95.

WERG J, GROTHMANN T, SCHMIDT P, 2013. Assessing social capacity and vulnerability of private households to natural hazards-integrating psychological and governance factors[J]. Natural hazards and earth system sciences, 13(6): 1613-1628.

WEST S G, THOEMMES F, WU W, 2010. Introduction to structural equation modelling: using SPSS and AMOS[J]. Applied psychological measurement, 34(3): 211-213.

WESTON R, GORE P A, 2006. A brief guide to structural equation modeling[J]. The counseling psychologist, 34(5): 719-751.

WISNER B, BLAIKIE P M, CANNON T, et al. 2004. At risk: natural hazards, people's vulnerability and disasters[M]. 2nd ed. London: Routledge.

WISNER B, UITTO J, 2009. Life on the edge: urban social vulnerability and decentralized, citizen-based disaster risk reduction in four large cities of the Pacific Rim, in facing global environmental change[M]. Berlin: Springer.

WONGBUSARAKUM S, LOPER C, 2011. Indicators to assess community level climate change vulnerability: an addendum to SocMon and SEM-Pasifika regional socioeconomic monitoring guidelines[M]. SocMon: National Oceanic and Atmospheric Administration (NOAA); and Apia, Samoa: Secretariat of the Pacific Regional Environment Programme (SPREP).

WOOD N J, SCHMIDTLEIN M C, PETERS J, 2014. Changes in population evacuation potential for tsunami hazards in Seward, Alaska, since the 1964 good Friday earthquake[J]. Natural hazards, 70(2): 1031-1053.

XU Y, XU C, GAO X, et al., 2009. Projected changes in temperature and precipitation extremes over the Yangtze River Basin of China in the 21st century[J]. Quaternary international, 208(1-2): 44-52.

YAMANE T, 1967. Statistics: an introductory analysis[M]. 2nd ed. New York: Harper and Row.

YI L, ZHANG X, GE L, et al., 2014. Analysis of social vulnerability to hazards in China[J]. Environmental earth sciences, 71(7): 3109-3117.

ZEBARDAST E, 2013. Constructing a social vulnerability index to earthquake hazards using a hybrid factor analysis and analytic network process (F'ANP) model[J]. Natural hazards, 65(3): 1331-1359.

ZHANG Y L, 2013. Study on public flood emergency avoidance model and system[J]. Journal of natural disasters, 22(4): 227-233.

ZHOU Y, LI N, WU W X, et al., 2014. Assessment of provincial social vulnerability to natural disasters in China[J]. Natural hazards, 71(3): 2165-2186.

ZOU L L, 2012. The impacting factors of vulnerability to natural hazards in China: an analysis based on structural equation model[J]. Natural hazards, 62(1): 57-70.

附　　录

附录 1　主成分分析法确定权重的过程与结果

利用 SPSS 软件，采用主成分分析法计算指标权重共有 4 个步骤。

第一步，KMO（Kaiser-Meyer-Olkin）检验。KMO 检验统计量是用于比较变量间相关系数的指标，常用于多元统计的因子分析之中。KMO 统计量的取值范围在 0 到 1 之间，其值越接近于 1，说明变量间的相关性越强，原有变量越适合做因子分析；其值越接近于 0，说明变量间的相关性越弱，原有变量越不适合做因子分析。Kaiser 给出了因子分析中 KMO 度量的常用标准，具体如下：0.9 以上表示非常适合；0.8 表示适合；0.7 表示一般；0.6 表示不太适合；0.5 以下表示极不适合。因此，只要 KMO 的值高于 0.5 就说明样本数据适合做因子分析。利用附表 1-1 中的问卷标准化得分数据，计算的 KMO 得分为 0.757，说明该样本数据适合做因子分析。

附表 1-1　问卷标准化得分和评价结果

编号	FS	DR	IR	RPW	PCI	AHI	VPC	HRT	得分	等级
1	1.00	0.25	0.42	1.00	0.97	1.00	1.00	1.00	0.87	高
2	1.00	0.25	0.42	1.00	1.00	1.00	1.00	0.50	0.80	高
3	0.57	1.00	1.00	0.63	0.91	0.96	0.53	0.50	0.76	高
4	1.00	0.25	0.42	0.79	0.97	1.00	0.87	0.50	0.75	高
5	0.86	0.19	0.72	0.68	0.91	0.99	1.00	0.50	0.75	高
6	0.43	0.25	0.83	0.79	0.80	0.94	0.67	1.00	0.74	高
7	0.86	0.33	0.23	0.46	0.95	0.99	1.00	1.00	0.74	高
8	0.86	0.33	0.48	0.68	0.95	0.99	1.00	0.50	0.74	高
9	0.86	0.33	0.23	0.46	0.95	0.99	0.86	1.00	0.73	高
10	0.86	0.19	0.72	0.68	0.88	0.91	0.86	0.50	0.72	高
11	0.86	0.19	0.72	0.68	0.91	0.91	0.81	0.50	0.72	高
12	0.86	0.19	0.72	0.68	0.91	0.91	0.81	0.50	0.72	高
13	0.86	0.33	0.23	0.46	0.91	0.99	0.81	1.00	0.71	高
14	1.00	0.25	0.63	0.40	0.97	1.00	0.83	0.50	0.70	高
15	0.57	0.17	0.67	0.32	0.85	0.96	1.00	1.00	0.70	中
16	0.43	0.25	0.83	0.79	0.93	0.94	0.67	0.50	0.69	中
17	0.71	0.25	0.55	0.52	0.93	0.98	1.00	0.50	0.69	中
18	0.71	0.25	0.55	0.52	0.93	0.98	1.00	0.50	0.69	中
19	0.71	0.25	0.55	0.52	0.93	0.98	1.00	0.50	0.69	中
20	1.00	0.25	0.42	1.00	0.90	0.94	0.75	0.00	0.69	中

续表

编号	FS	DR	IR	RPW	PCI	AHI	VPC	HRT	得分	等级
21	0.86	0.19	0.72	0.68	0.88	0.91	0.53	0.50	0.69	中
22	0.71	0.25	0.55	0.52	0.89	0.89	0.45	1.00	0.69	中
23	0.43	0.25	0.83	0.79	0.87	0.94	0.67	0.50	0.68	中
24	0.71	0.50	0.28	0.27	0.89	0.98	0.78	1.00	0.68	中
25	0.71	0.25	0.55	0.52	0.98	0.98	0.78	0.50	0.67	中
26	0.57	0.17	0.67	0.32	0.85	0.96	0.73	1.00	0.67	中
27	0.71	0.25	0.55	0.52	0.93	0.98	0.78	0.50	0.67	中
28	0.86	0.19	0.72	0.68	0.95	0.99	0.81	0.00	0.66	中
29	0.71	0.25	0.55	0.52	0.89	0.98	0.78	0.50	0.66	中
30	0.71	0.25	0.55	0.52	0.98	0.98	0.61	0.50	0.66	中
31	0.71	0.25	0.55	0.52	0.93	0.89	0.78	0.50	0.65	中
32	0.71	0.25	0.55	0.52	0.89	0.89	0.78	0.50	0.65	中
33	0.71	0.25	0.55	0.52	0.89	0.98	0.67	0.50	0.65	中
34	0.71	0.25	0.55	0.27	0.93	0.98	1.00	0.50	0.64	中
35	0.71	0.25	0.55	0.52	0.89	0.98	0.61	0.50	0.64	中
36	0.71	0.25	0.55	0.52	0.89	0.80	0.78	0.50	0.64	中
37	0.57	0.17	0.67	0.32	0.91	0.96	1.00	0.50	0.64	中
38	0.86	0.33	0.23	0.46	0.95	0.99	0.67	0.50	0.64	中
39	0.71	0.25	0.55	0.27	0.89	0.98	0.78	0.50	0.62	中
40	0.57	0.17	0.67	0.32	0.91	0.96	0.80	0.50	0.62	中
41	0.71	0.50	0.28	0.27	0.89	0.98	0.83	0.50	0.61	中
42	0.71	0.25	0.55	0.27	0.89	0.89	0.83	0.50	0.61	中
43	0.71	0.25	0.55	0.27	0.89	0.89	0.83	0.50	0.61	中
44	0.57	0.17	0.67	0.32	0.91	0.96	0.73	0.50	0.61	中
45	0.57	0.17	0.67	0.32	0.85	0.96	0.80	0.50	0.61	中
46	0.71	0.25	0.55	0.27	0.89	0.89	0.78	0.50	0.61	中
47	0.57	0.17	0.67	0.32	0.91	0.86	0.80	0.50	0.60	中
48	0.43	0.25	0.83	0.79	0.80	0.94	0.67	0.00	0.60	中
49	0.57	0.17	0.33	0.32	0.96	0.96	1.00	0.50	0.60	中
50	0.43	0.25	0.42	0.40	0.87	0.94	1.00	0.50	0.60	中
51	0.71	0.25	0.55	0.27	0.89	0.98	0.61	0.50	0.60	中
52	0.71	0.50	0.28	0.27	0.89	0.89	0.78	0.50	0.60	中
53	0.57	0.17	0.00	0.32	0.91	0.86	0.80	1.00	0.59	中
54	0.57	0.17	0.67	0.32	0.85	0.86	0.73	0.50	0.59	中
55	0.86	0.33	0.23	0.46	0.95	0.99	0.86	0.00	0.59	中
56	0.86	0.33	0.23	0.46	0.91	0.84	0.38	0.50	0.58	中
57	0.57	0.17	0.33	0.63	0.85	0.86	0.53	0.50	0.58	中
58	0.71	0.50	0.28	0.27	0.89	0.89	0.61	0.50	0.58	中

续表

编号	FS	DR	IR	RPW	PCI	AHI	VPC	HRT	得分	等级
59	0.43	0.25	0.83	0.79	0.87	0.80	0.41	0.00	0.57	中
60	0.57	0.17	0.33	0.32	0.85	0.96	0.80	0.50	0.57	中
61	0.57	0.17	0.33	0.32	0.85	0.96	0.80	0.50	0.57	中
62	0.43	0.25	0.00	0.79	0.87	0.80	0.67	0.50	0.57	中
63	0.86	0.33	0.23	0.46	0.91	0.91	0.67	0.00	0.55	中
64	0.57	0.17	0.00	0.32	0.91	0.86	1.00	0.50	0.54	中
65	0.43	0.25	0.42	0.40	0.80	0.80	0.67	0.50	0.54	中
66	0.71	0.25	0.55	0.27	0.93	0.89	0.78	0.00	0.54	中
67	0.57	0.17	0.00	0.32	0.80	0.96	1.00	0.50	0.54	中
68	0.57	0.17	0.00	0.32	0.96	0.96	0.73	0.50	0.54	中
69	0.57	0.17	0.00	0.32	0.85	0.96	0.80	0.50	0.53	中
70	0.57	0.17	0.67	0.32	0.85	0.86	0.73	0.00	0.52	中
71	0.57	0.17	0.33	0.63	0.85	0.75	0.73	0.00	0.52	中
72	0.57	0.17	0.00	0.32	0.91	0.86	0.73	0.50	0.52	中
73	0.57	0.17	0.00	0.32	0.85	0.86	0.73	0.50	0.51	中
74	0.57	0.17	0.33	0.00	0.91	0.86	0.73	0.50	0.50	中
75	0.57	0.17	0.00	0.00	0.91	0.96	1.00	0.50	0.50	中
76	0.43	0.25	0.00	0.40	0.80	0.80	0.67	0.50	0.49	中
77	0.57	0.17	0.00	0.32	0.85	0.86	0.53	0.50	0.49	中
78	0.57	0.17	0.33	0.32	0.85	0.86	0.80	0.00	0.49	中
79	0.57	0.17	0.33	0.32	0.85	0.86	0.73	0.00	0.48	低
80	0.57	0.17	0.33	0.63	0.85	0.75	0.33	0.00	0.48	低
81	0.57	0.17	0.00	0.32	0.80	0.75	0.60	0.50	0.48	低
82	0.43	0.25	0.00	0.00	0.80	0.94	1.00	0.50	0.47	低
83	0.57	0.17	0.33	0.32	0.85	0.75	0.73	0.00	0.47	低
84	0.57	0.37	0.67	0.00	0.85	0.86	0.53	0.00	0.46	低
85	0.43	0.25	0.00	0.00	0.80	0.94	0.67	0.50	0.44	低
86	0.43	0.25	0.00	0.00	0.80	0.94	0.67	0.50	0.44	低
87	0.57	0.17	0.33	0.00	0.85	0.96	0.73	0.00	0.44	低
88	0.57	0.37	0.67	0.00	0.80	0.75	0.33	0.00	0.42	低
89	0.57	0.17	0.00	0.32	0.85	0.86	0.53	0.00	0.42	低
90	0.43	0.25	0.00	0.00	0.80	0.80	0.41	0.50	0.40	低
91	0.43	0.25	0.00	0.00	0.80	0.67	0.75	0.00	0.35	低
92	0.43	0.25	0.00	0.00	0.80	0.80	0.41	0.00	0.33	低
93	0.43	0.25	0.00	0.00	0.80	0.94	0.17	0.00	0.32	低
94	0.14	0.00	0.00	0.00	0.53	0.53	0.50	0.00	0.21	低

注：FS 表示家庭规模；DR 表示抚养比；IR 表示 15 岁以上文盲率；RPW 表示常年外出打工人员比例；PCI 表示人均家庭可支配收入；AHI 表示洪灾相关信息获取能力；VPC 表示人均交通工具；HRT 表示洪灾相关的培训。

第二步，计算特征值和累计贡献率，确定主成分的数量。一般来说，所保留主成分的累计贡献率应大于 80%，且特征值大于 1。累计贡献率说明主成分所包含全部指标信息的百分比，本研究旋转矩阵中特征值大于 1 的 4 个主成分的累计贡献率为 80.0%，说明由 8 个原始变量通过主成分分析得到一组新变量，新变量能反映原始数据 80.0%的信息。主成分特征值及贡献率见附表 1-2。

附表 1-2　主成分特征值及贡献率

主成分	原始矩阵			旋转矩阵		
	特征值	贡献率/%	累计贡献率/%	特征值	贡献率/%	累计贡献率/%
1	3.33	41.6	41.6	2.39	29.8	29.8
2	1.28	16.0	57.5	1.49	18.6	48.4
3	1.02	12.8	70.3	1.41	17.7	66.1
4	0.77	9.7	80.0	1.11	13.9	80.0
5	0.62	7.8	87.8			
6	0.42	5.3	93.1			
7	0.32	4.0	97.1			
8	0.23	2.9	100.0			

第三步，计算旋转矩阵中各指标的主成分载荷值（附表 1-3）。

附表 1-3　旋转矩阵中各指标的主成分载荷值

指标＼主成分	1	2	3	4
FS	0.87	0.22	0.01	0.09
DR	0.17	0.05	0.08	0.93
IR	0.07	0.88	0.09	0.12
RPW	0.37	0.76	0.00	−0.07
PCI	0.86	0.22	0.18	0.11
AHI	0.65	0.15	0.51	0.13
VPC	0.52	−0.03	0.53	−0.42
HRT	0.09	0.06	0.91	0.09

注：抽取方法为主成分分析法；旋转方法为最大方差法。FS 表示家庭规模；DR 表示抚养比；IR 表示 15 岁以上文盲率；RPW 表示常年外出打工人员比例；PCI 表示人均家庭可支配收入；AHI 表示洪灾相关信息获取能力；VPC 表示人均交通工具；HRT 表示洪灾相关的培训。

第四步，确定各指标权重。利用主成分分析法获得的各变量，确定指标权重的公式如下：

$$w_i = \frac{\sum_{j=1}^{k}\left(\frac{a_{ij}}{\sqrt{\lambda_j}} \times v_j\right)}{\sum_{i=1}^{n}\left[\sum_{j=1}^{k}\left(\frac{a_{ij}}{\sqrt{\lambda_j}} \times v_j\right)\right]}, \quad i = 1,2,\cdots,8, \quad j = 1,2,3,4$$

式中，a_{ij}为第i个指标在旋转主成分j上的载荷值；λ_j和v_j分别为第j个旋转主成分的特征值和贡献率。

根据上述指标权重公式，结合调查数据（表5-2），可得各指标的权重为

$$w = [w_1, w_2, \cdots, w_8] = [0.14,\ 0.12,\ 0.12,\ 0.12,\ 0.16,\ 0.16,\ 0.08,\ 0.11]$$

为了使权重更符合当地实际情况，我们邀请了相关领域的专家对所确定的权重进行评估与调整，得到最终所用权重（表5-2）。

附录2　城市社区洪灾抗逆力基本情况调查表

城市社区洪灾抗逆力基本情况调查表

时间：______　地点：新乡市红旗区_______社区　编号：________

填写人情况：

- 性别：□男　□女
- 年龄：_______岁
- 受教育程度：
  □没上过学或小学没毕业 □小学毕业 □初中
  □高中或中专　□大专及以上
- 职业：
  □农民 □企业员工 □行政机关、事业单位工作人员 □商业服务业
  □学生 □个体户　□其他，请填写具体职业______

问卷内容：（请在相应方框内填写或打√）

1. 家庭总人数：____人
2. 性别状况：____（位）男____（位）女
3. 年龄状况：0～15岁____人；16～59____人；60岁以上____人
4. 有无行动不便的老人、病人或残疾人？
   □无　□有：____人

5．有无常年在外打工者？

□无　□有：____人

6．文化程度：没上过学或小学没毕业____人；小学毕业____人；初中____人；高中（中专）____人；大专及以上____人

7．家庭总收入（年）：

□5 000 元以下　□5 000～10 000 元

□10 000～20 000 元　□20 000～50 000 元

□50 000 元以上

8．您对本地洪水基础知识的了解：

□非常好 □比较好 □好 □比较不好 □非常不好

9．您对洪水应对知识的掌握：

□非常好 □比较好 □好 □比较不好 □非常不好

10．您对洪水逃生技能的掌握：

□非常好 □比较好 □好 □比较不好 □非常不好

11．您对洪灾后卫生防疫技能的掌握：

□非常好 □比较好 □好 □比较不好 □非常不好

12．本社区洪灾容易发生的时间：____月

13．在此期间您是否关注天气预报或政府发布的信息？

□是 □否

14．洪水来临应该往什么地方逃生？

□社区外面 □躲在家里 □大树、房顶等高处 □其他地方

15．如果有时间，在逃生时您会携带什么？（可多选）

□钱、贵重物品 □食物、饮用水 □衣物 □其他

16．被洪水浸泡过的食物还能吃吗？

□能 □否

17．洪水能喝吗？

□能 □否

18．在洪水中行走后应怎样处理？

□无所谓 □进行消毒，换上干净鞋袜 □服用预防药物

19．政府是否开展洪灾宣传、教育活动？

□无 □1 次/年 □2 次/年 □3 次及以上/年

20．政府是否开展洪灾应急演习？

□无 □1 次/年 □2 次/年 □3 次及以上/年

21. 灾前是否获得灾害通知？
□否　□是
22. 通过什么方式？
□社区喇叭 □电话、短信 □上门通知 □收音机广播 □电视台通知
23. 社区规划建设时是否应考虑减灾因素？
□不应该 □不清楚 □应该
24. 是否愿缴纳政府因防灾减灾向民众收取的费用？
□不愿意 □随便 □愿意
25. 个人是否应该参与抗灾减灾？
□不应该 □不清楚 □应该
26. 家庭通信设备使用情况（可多选）：
□无电话 □固定电话 □移动电话 □网络 □其他
27. 家庭现有交通工具（可多选）：
□自行车 □电动车 □摩托车 □汽车：（类型）____。
28. 住宅类型：
□土房 □木结构房 □钢筋混凝土房
29. 住宅结构：
□平房 □楼房，共____层
30. 住宅附近有没有防灾设施？
□无 □有，请列举出具体的设施：__________
31. 住房附近是否有应急避难场所？
□无 □有
32. 灾害发生时主要救援方式：
□民众自救 □政府临时救援队救援 □专业军队救援
33. 知道危机或灾害来临时：
□自己知道就行 □告诉他人 □告诉他人和上报政府
34. 灾害来临时会采取的措施：
□自救 □自救、互救 □等待他人救援
35. 政府救灾保障设施完善程度：
□无 □少量设施 □完善设施
36. 社区周围公路数量及状况是否有利于逃生？
□否 □是
37. 政府是否为逃生提供公共设施？
□否 □是

38．灾害救助过程中，您认为谁应该承担主要责任？

□政府 □社区 □居民自己

39．在此次灾害应对过程中，谁起到主要作用？

□政府 □社区 □居民自己

40．在此次灾害应对过程中，您是否参与救灾？

□否 □是

以此次洪灾为例，灾害发生后：

41．房屋受损情况：

□无破坏 □轻度破坏 □中度破坏 □严重破坏 □倒塌

42．道路受损情况：

□无损坏 □轻度损坏 □中度损坏 □严重损坏 □全部损坏

43．电路损失状况：

□无损坏 □轻度损坏 □中度损坏 □严重损坏 □全部损坏

44．生活水气受损情况：

□无损坏 □轻度损坏 □中度损坏 □严重损坏 □全部损坏

45．通信线路损毁情况：

□无损坏 □轻度损坏 □中度损坏 □严重损坏 □全部损坏

46．交通工具损毁情况：

□无损坏 □轻度损坏 □中度损坏 □严重损坏 □全部损坏

47．家庭财产损失情况：

□无损失 □5 000 元以下 □5 000～10 000 元

□10 000～20 000 元 □20 000～50 000 元 □50 000 元以上

48．人员伤亡情况：

□无伤亡 □不住院、轻伤 □住院、重伤 □死亡____人

49．您认为是什么造成以上损失的？

□天灾，降水量太大

□城市、社区规划不好 □政府、社区应急管理不好

50．家庭固定资产数：

□房屋___处 □农业用地___亩 □家畜___只/头 □个体经营___处

51．社区周围是否有社区医院？

□否 □是

52．生活用水、电、气、道路恢复时间：

□1～3 天 □3～5 天 □6～15 天 □16～30 天

53. 灾后恢复至灾前生活所需时间：
□1 月内 □1～3 个月 □3 个月以上
54. 您认为本地区恢复正常生活的速度：
□越来越快 □基本不变 □越来越慢
55. 您是否参加保险及参保险种？
□未参加 □财产保险 □人身保险 □两者都参与
56. 生命健康或家庭财产遭受损失后，能否得到保险公司的及时赔付？
□能 □否
57. 您家庭是否有救灾物资储备？
□没有 □少量储备 □充足储备
58. 政府是否提供救灾物资？
□没有 □少量提供 □充足提供
59. 家中参加医疗保险人数：____人
60. 政府是否采取措施稳定日用品和食品的物价？
□是 □不清楚 □否